本书由"十三五"国家重点研发计划专题
（2018YFC0406506 – 01）和南京水利科学研究院出版
基金联合资助出版

饮用水水源地安全风险评估与管理研究

黄昌硕　盖永伟　姜蓓蕾　陈松峰　牟昀丽　等著

U0286972

中国三峡出版传媒
中国三峡出版社

图书在版编目（CIP）数据

饮用水水源地安全风险评估与管理研究／黄昌硕等著．—北京：中国三峡出版社，2021.3
ISBN 978 - 7 - 5206 - 0188 - 7

Ⅰ.①饮⋯ Ⅱ.①黄⋯ Ⅲ.①饮用水-水源地-安全评价-研究-中国 Ⅳ.①X52

中国版本图书馆 CIP 数据核字（2021）第 006168 号

责任编辑：彭新岸

中国三峡出版社出版发行
（北京市通州区新华北街 156 号　101100）
电话：(010) 57082645　57082577
http://media.ctg.com.cn

北京虎彩文化传播有限公司印刷　新华书店经销
2021 年 6 月第 1 版　2021 年 6 月第 1 次印刷
开本：787 毫米×1092 毫米　1/16　印张：9.25
字数：190 千字
ISBN 978 - 7 - 5206 - 0188 - 7　定价：58.00 元

前　言

　　水是人类生存的基本条件。近年来，我国经济社会发生了深刻变化，水资源情势更加严峻，供水保障能力面临更大压力，水资源安全供给面临新形势和新挑战。快速的城市化、工业化进程和人口的不断增长，以及保障国家粮食安全的迫切需要，使用水需求在较长时期内将保持持续增长，保障供水安全的任务越来越艰巨。水资源供给的保证率对经济安全、生态安全、国家安全的影响更加突出。饮用水水源地的安全关系广大人民群众的身体健康、社会经济发展的安全稳定、全面建成小康社会目标的实现、加快构建社会主义和谐社会的进程及整个国家和民族的长治久安。为适应经济社会发展和水资源供求状况的新变化，着力解决新时期水资源安全保障问题，满足城市化、工业化、农业现代化对水资源的合理需求，开展饮用水水源地安全风险评估与管理研究很有必要，这对保障饮水安全、粮食安全、能源安全、生态安全等有着十分重要的意义。

　　饮用水水源地作为人类生活与社会发展最重要的基础之一，由于其长期处在一个开放的环境里，不可避免会受到各种事件的威胁。影响饮用水水源地安全的因素包括水资源短缺、水污染严重、管理水平落后以及地震、洪涝、干旱、人为破坏等外部威胁。饮用水水源地安全能否得到保障，取决于各种因素的综合作用。由于风险因素本身具有明显的不确定性，且对饮用水水源地影响方式及程度不一。因此，如何统筹考虑饮用水水源地各种可靠性及外部威胁，对饮用水水源地安全风险进行正确的分析评估和合理的管理，正是目前的研究热点。

本书在分析国内外饮用水水源地安全风险管理经验及需求的基础上，建立了饮用水水源地安全风险管控框架，并以河道型饮用水水源地为例，识别水源地安全的主要风险因子，分析水源地安全风险机理，构建水源地安全风险评估模型，建立水源地安全监测体系框架，同时选择黄浦江上游饮用水水源地作为典型案例进行分析计算与风险评估。

本书由国家重点研发计划专题"雄安新区用水强度控制与需水管理"（编号2018YFC0406506-01），南京水利科学研究院出版基金、中央级公益性科研院所基本科研业务费专项资金项目"太湖流域饮用水水源地供水安全调控"（编号Y517010）和"长三角一体化区域水资源承载能力监测预警研究"（编号Y520004）联合资助完成。除封面署名人员外，参加本书编写的还有耿雷华、王立群、魏芳菲、侯方玲、颜冰、王怡宁、赵志轩、丛培月、于新兴等。书中借鉴和引用了国内外大量的研究成果，书后附有参考文献。在此，一并表示谢意。

由于编写时间仓促，加上研究水平有限，有些结论难免失之偏颇，不当之处，敬请读者批评指正。

作　者

2021 年 6 月

目　　录

第1章 饮用水水源地安全风险管理经验及需求分析

1.1 国外饮用水水源地安全风险管理经验

欧美一些发达国家开展饮用水水源地管理与保护可以追溯到 18 世纪末，经过 100 多年的长期实践，迄今为止在水源地管理与保护方面积累了大量经验。从发达国家的经验看，水源地管理与保护是改善饮用水质量的重要举措。

1.1.1 美国

美国最早的饮用水水源管理与保护法律是 1948 年制定的《联邦水污染控制法》，该法在 1977 年修订后改名为《清洁水法》（Clean Water Act，CWA），并于 1987 年再次进行了修订。《清洁水法》规定了控制水环境污染物的基本制度框架，并授予美国国家环境保护局（Environmental Protection Agency，EPA）相应的执法权。《清洁水法》主要内容路线图如图 1 - 1 所示。首先，设定水质标准（Water Quality Standards，WQS），水质标准和《清洁水法》设定的法令目标保持一致，然后监测水体是否达到了水质标准。如果达到了水质标准，那么就要采取反退化政策，使水质保持在可接受的水平。如果水体没有达到水质标准，那么就制定一些控制措施使水体达到水质标准。通常普遍采用的一个方法就是制订最大日负荷总量（Total Maximum Daily Loads，TMDL）计划。最大日负荷总量计划确定能满足水质标准的污染物最大负荷，然后在各个污染源之间分配这些负荷的削减量。

美国的《安全饮用水法》（Safe Drinking Water Act，SDWA）最初是于 1974 年由美国国会通过的，并在 1986 年和 1996 年进行了修订，其目的是通过对美国公共饮用水供水系统的规范管理，确保公共饮用水水源地免受有害污染物的危害。《安全饮用水法》授权 EPA 建立基于保障人体健康的国家饮用水标准以防止饮用水中的自然污染和人为污染，要求所有州在 1999 年 6 月前都要开展"水源评估项目"（Source Water Assessment Programs，SWAP），包括公共供水水源的分水岭和保护描述、评估

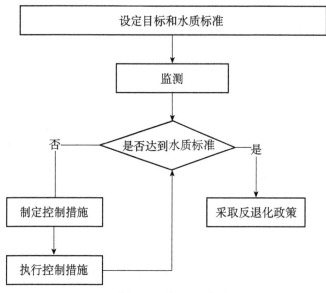

图1-1 《清洁水法》主要内容路线图

区域内潜在污染源调查、重要潜在污染物确定、州内所有水源完成时间表的建立、形成评估报告等5个步骤。《安全饮用水法》成了美国饮水及其相关标准的基本法，并且对世界各国饮水标准产生了重大影响。例如，此后世界卫生组织、欧洲经济共同体有关饮用水的标准都是在EPA标准的基础上制定的。《安全饮用水法》在改善水质、保护居民身体健康等方面做出了重大贡献。近年来，美国水源地管理与保护工作主要通过"井源保护计划"（Wellhead Protection Programs，WHPP）和"集水区保护计划"（Watershed Protection Programs，WPP）推动和实施。

美国目前两个主要涉及饮用水水源地安全的联邦法律为《安全饮用水法》和《清洁水法》。一般来说，《安全饮用水法》针对的是饮用水（包括饮用水水源地）、地下水以及输送饮用水至公众的供水系统。在《安全饮用水法》不断修订的过程中，逐渐加强了饮用水水源地保护的内容，而EPA建立的饮用水标准确保了美国供水始终如一的质量。同时EPA根据对健康的潜在威胁和在水中出现的概率确定污染物的优先顺序。《清洁水法》与《安全饮用水法》相对应，它针对的是排放到地表水中的污水。《清洁水法》的目标是在水体中可以钓鱼、游泳以及进行水生生物保护等。而这两个法规之间有明显的重叠区域，如图1-2所示。

2002年，美国总统签署并颁布了《公众健康安全和反恐怖准备及应对法（2002）》（Public Health Security and Bioterrorism Preparedness and Response Act of 2002），简称《反恐法》（The Bioterrorism Act）。《反恐法》对饮用水的保障和安全专门进行了规定，其中对供水人口在3300人以上的供水系统提出了五项新的保障要求：①必须实施脆弱性评估；②保证提交给EPA的评估报告的数据具有法律效力；③脆弱性报告必须提交给EPA；④根据脆弱性报告准备或者修改应急对策；⑤保证应急

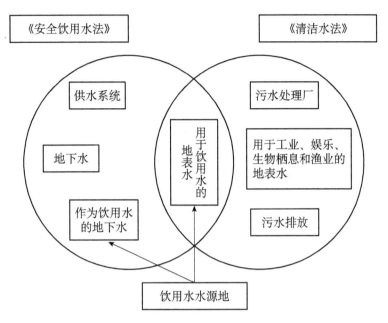

图 1-2　《安全饮用水法》和《清洁水法》的重叠区域

对策计划的数据准确。《反恐法》在饮用水水源地易损性评估、突发事件应急计划、信息共享和水源地安全技术开发方面提出了具体要求。

美国饮用水水源突发污染事件应急管理是在美国政府运作机制的框架下运行的，分别在联邦政府、州政府和地方政府三个层次上开展应急管理工作。在联邦政府层次上，1997 年成立并在 2003 年被并入新成立的国土安全部的联邦紧急事务管理署是联邦政府应急管理的核心协调决策机构。在该署总负责下，EPA 具体负责有关环境污染方面的应急管理事务。EPA 是饮用水水源突发污染事件应急预案的总体负责部门，负责编制饮用水水源突发污染事件应急预案的导则，提供方向性的普遍指导，但不制定具体性的预案。根据 EPA 制定的应急预案导则，各大型和小型公共事业公司、公共健康部门、法律执行者、第一反应者、各州水资源规划者等相关组织在应急预案中各负其责。州政府、地方政府负责根据本地饮用水水源突发污染事件的实际情况编制和执行本州和地方的应急预案，EPA 只负责技术性和业务性的领导工作。在"9·11"事件后，EPA 在饮用水水源突发污染应急管理方面开展或参与了大量工作，主要有：评估和降低饮用水水源面对恐怖袭击潜在的易损性；制定和演习突发事故的应急预案；发展新的检测和监测污染物的水源安全技术；制止各种破坏水源安全的行为。在 EPA 的领导下，对全国 8000 多个水源供水系统进行了易损性评估并制定了应对计划，在一些重要河流（如密西西比河）的沿河主要城市水源地和取水口都加强了突发污染事故风险管理，沿河各州政府、环保署及海事部门等联合制定了详细、可操作的应急预案。

1.1.2 德国、加拿大、新西兰

德国也非常重视饮用水水源地的保护，至今已有100多年的长期管理实践，早在18世纪末，科隆地区划定了德国第一个水源保护区；随后，各地政府立法划定水源保护区，颁布保护措施。德国《水法》规定，所有饮用水取水口都要通过建立水源保护区，对饮用水专用露天水库、湖水水源保护区制定水源保护区规划。德国计划建立23 051个水源保护区，到20世纪90年代，德国已建立19 815个水源保护区，其面积占全德国土地面积的13%。

1987年加拿大颁布了联邦水政策，制定了"保护和改善水质""更加科学有效地管理和利用水资源"两个原则性目标，水量与水质的可持续性、水源与自来水的安全性、自来水水质与公众健康的关系、供水系统短期与长期维护费用的平衡成为关注的重点。联邦政府和各省政府相继出台了一系列水政策，将水作为生态系统的重要组成部分，与土地、环境、经济等要素综合考虑；以集水区为基本单元进行水域生态系统的保护、土地利用规划、地表水资源管理的集成；将水源地敏感区土地利用规划调控作为水源保护的重要手段，优化土地利用结构，控制土地开发强度。加拿大安大略省于2004年通过了《饮用水水源保护法案》，对饮用水水源专门立法保护。

新西兰针对国家水源地管理的实际需求，制定新西兰水源监测和分级框架草案，作为水源地评估的基础文件，根据流域调查资料，通过确定水体水质等级和风险等级，分析潜在污染源及可能产生的污染物，并在此基础上进行地表水体作为饮用水适宜性的等级评估，最终将水体作为饮用水水源的适宜性分为5级，并说明每个等级对应水体所需的处理水平。

1.1.3 俄罗斯

俄罗斯国土辽阔，经济发展不均衡，对于饮用水的管理制度和我国有些类似。

1）水质标准

（1）建立指标筛选原则：俄罗斯水质标准中化学物质指标数多达1000余项，同时给出详尽的指标筛选原则，最终确定与当地居民健康最密切的指标作为监测对象。

（2）建立指标分级制度：在国家标准中，制定指标的危害性分类和危险等级分级制度，根据指标的危险等级确定优先监测指标、水体保护措施实施顺序和净水工艺改进方法。

（3）建立指标复合污染控制规定：俄罗斯水质标准不仅对单独指标的限值进行了规定，同时指出如果水体中含有两种或两种以上1类、2类危险等级的化学物质，则每种化学物质的浓度与相应最大允许浓度的比值之和应小于或等于1。

2）水质监测

水源地水质由卫生流行病学监督机构监测，该机构除分析每个水源地的水质

成分外，还要考虑使用该水源居民的卫生、饮水条件，在此基础上依据监测指标的选取标准，提出每个水源地的指标监测建议。

供水单位根据卫生流行病学监督机构的监测建议，编制监测方案（包括监测指标、监测方法、监测点位、监测频次、监测时间等），对饮用水源实施监测。俄罗斯的饮用水水质标准要求水中化学物质的含量不应该超过最大允许浓度，对标准中未给出最大允许浓度的水质项目，由供水单位负责制定最大允许浓度。

3）分散式饮用水水源管理

俄罗斯现行的《分散式饮用水卫生标准》对分散式饮用水水源的选址、水井的建筑材料与结构、水质监测等方面都做出了具体明确的规定，如：分散式供水取水设施不能位于距主要交通线 30m 范围内；地下水井井口要高于地面，高出的高度不应小于 0.7~0.8m；距井口 20m 内禁止进行清洗汽车、饮牲口、洗衣服及其他可能污染水体的活动；禁止用私人水桶从井中取水；禁止用私人勺子从公用桶中舀水；取水设施的保暖材料不得使用石棉；等等。这些规定对中国农村分散式饮用水水源保护具有借鉴意义。

从国外饮用水管理研究可以看出，饮用水保护的发展趋势是加强水源地水质保护，研究科学的水质标准指标筛选原则和方法，细化饮用水管理各环节，建设技术、资金、法律多重保障体系以保障水质标准的执行和水体污染治理的顺利进行。

1.1.4　欧盟

欧盟采用的是以流域生态水质良好为目标的跨行政区饮用水管理协调模式。欧盟的前身欧洲经济共同体在 1975 年颁布了《成员国抽取饮用水的地表水水质指令》（75/440/EEC），规范了饮用水水源的水质标准与管理目标，要求每一成员国对本国内水体和界河水体应依据指令要求无差别对待，以此确保饮用水水源水质符合规定的最低标准。

《成员国抽取饮用水的地表水水质指令》规定了 46 种监测指标，并对每一指标制定了 A1、A2、A3 三级标准，每一级标准又包含非约束性指导控制值和约束性强制控制值两档；同时还制定了特殊极端条件下（如发生自然灾害）的应急标准，对某些指标在特殊条件下可以免除强制控制。三级两档的多尺度标准和直接针对各指标的多因素豁免制度适应多区域、非均衡复杂水体管理需求。

《成员国抽取饮用水的地表水水质指令》针对不同规模、不同水质的水源和不同类型的水质指标，制定了立体的监测频次标准（对某些参数规定多种监测方法，对不同水质条件与服务规模的水源、对每一指标分别制定独立的监测频次标准），充分利用了有限的监测资源，保证了监测的可执行性与经济性。

2000 年，欧盟委员会为解决日益严重的水环境问题，整合各指令建立了《欧盟水框架指令》。《欧盟水框架指令》以流域管理为核心，以实现基于生态学的水质的"良好"状态为核心目标，分阶段制定了相应的阶段性目标。《欧盟水框架指令》在管理实践中强调"共同决策"和"及时修正"的理念，充分尊重并吸收各成员国、合作者、非营利性社会组织、科研工作者以及普通公众的意见，不断完善指令的规范性，保持其时效性与先进性。

1.1.5 世界卫生组织

世界卫生组织（WHO）根据世界发生的变化和饮用水面临的新问题及时修订《饮用水水质准则》（Guidelines for Drinking Water Quality）第二版，又于2004年发布了《饮用水水质准则》第三版，并在准则第四章中详细阐述了"水安全计划"（Water Safety Plan，WSP）。WSP采用全面的风险评估和风险管控方法使饮用水管理更加系统化。WSP（如图1-3所示）包含三个主要组成部分：系统评估，确定

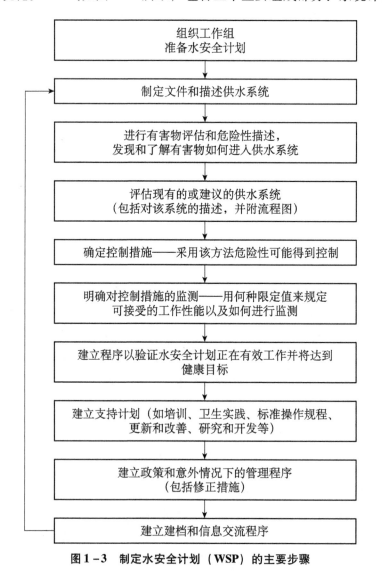

图1-3 制定水安全计划（WSP）的主要步骤

饮用水供水链（直至用户消费点）作为一个整体，其送水质量能否符合基于健康目标的水质要求；确定饮水系统中的控制措施以全面控制已明确的危险性，并保证能符合基于健康目标的要求；管理计划，说明在正常操作或意外情况时要采取的行动，对于供水系统的评估（包括更新和改进）、监测、信息交流计划和支持方案都要有书面规定。

2014 年世界卫生组织在《饮用水水质准则》第三版的基础上，修订出版了《饮用水水质准则》第四版。《饮用水水质准则》第四版提出了基于健康目标的安全饮用水框架，强调了风险管理与控制策略的发展与实施，通过控制水中的有害成分，确保饮用水的安全供应。《饮用水水质准则》第四版中提出：对饮用水供应进行全面的风险评估和风险管理可以增加对饮用水安全的信息，并提出了从供水区域、供水水源到用户全过程进行系统的风险评估的理念，并需要考虑各个方面的风险。例如：气候变化引发的日益频繁和严重的干旱以及导致洪水泛滥的强降雨，都会对水量和水质的安全造成影响；由于城市规模的持续扩大引起的人口结构变化和数量增多，正在对饮用水供水安全带来重大挑战。

1.2　国内饮用水水源地安全风险管理经验

我国历来十分重视饮用水安全保障工作，经过 20 多年的发展，通过采取一系列的工程和管控措施，解决了一些城乡居民的饮用水安全问题。但是随着经济社会发展、人口增加和城镇化进程的加快，我国饮用水安全面临的形势日益严峻。在近 10 年内，我国逐步形成了比较完善的饮用水水源地安全保障方案、管控措施、应急预案等，在应对水源地突发水安全事件、有效减少水源地污染的负面影响、维护人民群众生命和财产安全等方面发挥了重要作用。

2014 年，为健全突发环境事件应对工作机制，科学、有序、高效地应对突发环境事件，保障人民群众的生命财产安全和环境安全，促进社会全面、协调、可持续发展，国务院办公厅印发了修订后的《国家突发环境事件应急预案》（国办函〔2014〕119 号）（以下简称《应急预案（国）》），而在 2005 年 5 月 24 日经国务院批准、国务院办公厅印发的《国家突发环境事件应急预案》予以废止。《应急预案（国）》共七章，分别明确了总则（包括编制目的、编制依据、适用范围、工作原则、事件分级）、组织指挥体系、监测预警和信息报告、应急响应、后期工作、应急保障及附则等。

2005 年，国务院办公厅印发了《关于加强饮用水安全保障工作的通知》（国办发〔2005〕45 号）（以下简称《通知（国）》），《通知（国）》中要求各部门各司其职，密切配合，加大工作力度，共同做好饮用水安全保障工作，同时提出各部门要尽快组织编制全国城乡饮用水安全保障规划，地方各级人民政府应根据水资源条件，制定城乡饮用水安全保障应急预案，确保城乡居民饮用水安全。

2006 年，为提高政府保障公共安全和处置突发公共事件的能力，最大程度地预防和减少突发公共事件及其造成的损害，保障公众的生命财产安全，维护国家安全和社会稳定，促进经济社会全面、协调、可持续发展，国务院颁布并实施了《国家突发公共事件总体应急预案》（以下简称《总体预案》），提出了应对各类突发公共事件的六条工作原则，明确了各类突发公共事件分级分类和预案框架体系，规定了国务院应对特别重大突发公共事件的组织体系、工作机制等内容，是指导预防和处置各类突发公共事件的规范性文件。自 2005 年《应急预案（国）》《通知（国）》和《总体预案》发布以来，水利部、环保部、流域机构和各省市等相继编制并实施了各种应急预案，同时发布了一系列工作通知，以全面保障饮用水水源地安全。

2007 年以来，水利部逐步建立了突发水污染事件应急管理体系，成立了水利部应对突发性水污染事件工作领导小组。2008 年，为进一步规范重大水污染事件报告制度，及时准确掌握重大水污染事件发生发展情况并实时采取必要的措施，水利部对《重大水污染事件报告暂行办法》（水利部 水资源〔2000〕251 号）进行了修订，并印发了修订后的《重大水污染事件报告办法》（水利部 水资源〔2008〕104 号）（以下简称《办法（水）》），制定了流域和省级应急预案，形成了流域协调联防机制，流域应急监测能力明显提高。同年，由中华人民共和国第十届全国人民代表大会常务委员会第三十二次会议修订通过的《中华人民共和国水污染防治法》中对"饮用水水源和其他特殊水体保护"及"水污染事故处置"从法律角度做出相关规定。

2009 年，为建立健全水利部应对重大突发水污染事件处置机制，提高应对和处置重大突发水污染事件的应急反应能力，规范应急处置程序，最大程度地减少突发水污染事件造成的损失和影响，保障城乡居民饮用水安全，促进经济社会全面、协调、可持续发展，水利部组织编制了《水利部应对重大突发水污染事件应急预案》（水利部 水汛〔2009〕488 号）（以下简称《应急预案（水）》）。《应急预案（水）》共六章，分别明确了总则（包括编制目的、编制依据、适用范围、工作原则）、组织体系与职责、报告与受理、应急响应、应急保障及附则等。

2011 年，为进一步贯彻中央一号文件要求，实行最严格的水资源管理制度，切实保障饮水安全，进一步推动水源地管理与保护工作，水利部组织编制了《全国重要饮用水水源地安全保障达标建设目标要求（试行）》（水利部 水资源〔2011〕329 号）（以下简称《目标要求》）。《目标要求》提出自 2011 年开始，开展全国重要饮用水水源地安全保障达标建设，力争用 5 年时间，使列入名录的全国重要饮用水水源地达到"水量保证、水质合格、监控完备、制度健全"，初步建成重要饮用水水源地安全保障体系。《目标要求》分别针对水量、水质、安全监控体系、制度管理等提出相应的建设目标。

2011 年，为进一步提高全国各级环境保护行政主管部门对饮用水突发环境事件的防范和处置能力，确保饮用水安全和群众健康，环境保护部组织编制了《集中式地表饮用水水源地环境应急管理工作指南（试行）》（环办〔2011〕93 号）（以下简称《工作指南》）。《工作指南》共六章，从事前环境风险防范、预警、准备，到事中应对和事后管理的全过程环境应急管理角度，系统阐述了饮用水水源地环境应急管理工作如何做、怎么做的问题，为有效防范和妥善处置涉及饮用水安全突发环境事件，切实保障人民群众身体健康和环境安全提供了思路，指明了方向。《工作指南》编制以全过程环境应急管理理念为宗旨，以集中式地表水水源地为保护目标，全面整理分析了现有的水源地环境管理的法律、法规、政策、文件，提出"事前预防、预警、应急准备，事中应急响应，事后管理"的全过程环境应急管理要求，为环保部门有效防范和妥善处置饮用水突发环境事件提供系统的工作指导。《工作指南》首先细化了水源地环境应急管理工作，提出水源地环境管理必须坚持"四个结合"，即水源地内与水源地外环境风险防范相结合，加强自身能力建设与强化部门联动、跨界联动相结合，做好长期规划与推进近期工作相结合，加强体系建设与解决突出问题相结合，极大地细化和完善了水源地环境应急管理工作。

1.3　国内饮用水水源地概况及管理现状

1.3.1　我国饮用水水源地基本情况

1）城市饮用水水源地

截至 2008 年底，我国城市饮用水水源地数量已从新中国成立前的 132 个增加到 2008 年的 655 个，100 万人口以上城市已从 1949 年的 10 个发展到 2008 年的 122 个，城市化水平由 7.3% 提高到 45.68%。2009 年全国城镇人口共 62 186 万人，占全国总人口的 46.6%。在设市城市中，地级及以上城市为 287 个，县级城市为 368 个，此外，还有建制镇 2 万多个。2008 年全国地级及以上城市（不包括市辖县）GDP 占全国 GDP 的 62%。城市已经成为我国经济发展的核心区域。随着我国城市化进程快速推进，城市经济在国民经济中的重要作用也日益显著。城市的发展，必须依靠足够的饮用水水源。截至 2008 年我国共有县级以上城市（含县级城市）饮用水水源地 5833 个，年供水能力 829.9 亿 m^3。全国城镇生活用水达到 444 亿 m^3，占居民生活用水总量的 59.2%。水利部已核准颁布了三批全国重要饮用水水源地（供水人口 20 万人以上）名录 175 处。

2010 年，国家对全国 661 个建制市和 1746 个县级城镇的集中式饮用水水源地进行了调查，共有 4555 个集中式饮用水水源地，其中地表水饮用水水源地 2405 个，地下水饮用水水源地 2150 个，总供水人口 4.189 亿人，综合生活供水量 308.72 亿 t。

我国城市主要饮用水水源地有以下几种：

（1）河流（道）饮用水水源地。利用天然或人工河流、河道作为饮用水水源，一般位于主要河流两岸。这是目前我国最重要的饮用水水源地。如在长江沿岸的城市，基本上就是以靠近城市的长江江段作为饮用水水源地。在 2010 年调查的 4555 个城市集中式饮用水水源地中，河流（道）饮用水水源地 1299 个，占调查总饮用水水源地数量的 28.5%。以河流（道）饮用水水源地供水为主的有上海、江苏、广东、福建、海南、湖北、湖南、江西、重庆、四川、广西等省级行政区。

（2）湖泊、水库饮用水水源地。利用天然湖泊或人工湖库作为城市饮用水水源。据统计，至 2009 年，全国已建成各类水库 87 151 座，水库总库容 7064 亿 m^3，其中部分作为了城市饮用水水源地。据 2010 年的调查，水库饮用水水源地 1072 个，湖泊饮用水水源地 34 个，占整个调查城市饮用水水源地的 24.3%。我国水库原来的功能主要是防洪和提供灌溉用水，由于河流的污染与水质恶化，越来越多的水库的主要功能转换为生活、工农业生产供水，同时兼顾防洪和灌溉。一些有条件的南方城市也开始选择水库作为饮用水水源地。如在湖南长沙，就选择了位于浏阳地区的株树桥水库作为其饮用水水源地之一。目前以水库为主，并与河流（道）或地下水饮用水水源地联合供水的有天津、浙江、吉林、安徽、甘肃、云南、贵州等省级行政区。

（3）地下水饮用水水源地。利用地下水系统作为饮用水水源地，地下水包括深层地下井水、地下泉水等。2009 年全国已累计建成各类机电井 529.3 万眼。在 2010 年城市饮用水水源地调查中，地下水饮用水水源地共 2150 个，占调查总数的 47.2%，地下水是我国北方许多城市最重要的城市饮用水水源地。在海河流域的水源地中，地表饮用水水源地所占比例不到 1/3，地下水饮用水水源地所占比例在 2/3 以上。甚至在南方一些地区，如湖南沅江流域的汉寿县，也正在使用地下水作为城市饮用水水源地。目前，以地下水饮用水水源地为主的有北京、河北、山东、黑龙江、辽宁、山西、河南、陕西、宁夏、青海、新疆、内蒙古、西藏等省级行政区。

（4）人工渠道（运河）。主要指经过工程措施形成的用于生活与生产的大型渠道。如南水北调中线干渠、京杭大运河、引滦济津干渠，以及东深供水工程渠道、一些大型灌区的输水渠道等。目前，单独使用人工渠道（运河）作为主要城市饮用水水源地的较少，一般是与其他类型饮用水水源地一起使用。

上述几种饮用水水源地在我国南北方都存在，南方城市（如长江、珠江、太湖流域）一般以地表水饮用水水源地为主，北方城市（如海河、黄河流域以及西北干旱地区）多使用地下水集中式饮用水水源地。

2）农村饮用水水源地

2008 年我国农村常住人口（含农村国有农场常住人口）71 288 万人，占全国总人口的 53.4%。2009 年农村居民人均纯收入 5153 元，农村贫困人口为 3597 万人。农村饮用水水源地分为集中式饮用水水源地（供水人口 1000 人以上）与分散式供水水源地（供水人口 1000 人以下）。按水源地水体类型又可以分为地表水水源地、地下水水源地和其他水源地等类型：地表水水源主要包括河流水、湖库（坑、塘）水、山涧水、集水池水等类型；地下水水源主要包括深浅层井水、泉水等类型；在地表水与地下水都极度匮乏的地区，主要以收集的雨雪水作为饮用水水源，如我国西北干旱地区和一些地形复杂的山区都有收集雨雪水的水窖。据2006 年调查，我国农村生活饮用水的水源主要以地下水为主，饮用地下水的人口占 74.9%，饮用地表水的人口占 25.1%；饮用集中式供水的人口占 55.1%，饮用分散式供水的人口占 44.9%。2006 年农村供水总体情况见表 1－1。

表 1－1　2006 年农村供水总体情况

行政区	集中式供水人口（万人）	占农村总人口比例（%）	分散式供水人口（万人）	占农村总人口比例（%）
全国	36 243	38	58 106	62
西部	9479	33	19 526	67
中部	13 025	32	27 750	68
东部	13 739	56	10 830	44

我国政府一直重视农村饮用水工作，先后开展了人畜饮用水解困工程和农村饮水安全工程。仅 2009 年，我国全年农村饮水安全工程在建投资规模就达到 583.8 亿元，累计完成投资 508.6 亿元。当年新增农村饮水日供水能力 601 万 m^3，解决 7295 万人的饮水安全问题，截至 2009 年底，农村饮水安全人口已达 6.3 亿人，农村自来水普及率达 48.1%。2012 年 3 月，国务院通过了《全国农村饮水安全工程"十二五"规划》，在持续巩固已建工程成果的基础上，进一步加快建设步伐，全面解决 2.98 亿农村人口和 11.4 万所农村学校的饮水安全问题，使全国农村集中式供水人口比例提高到 80% 左右。

我国农村饮用水水源地的特点是：

（1）水源地类型多样。由于我国地理条件多样，农村饮用水水源地类型多样，有以池塘、沟渠、河流、渠道为饮用水水源地的，有以农田、山沟的汇水区为水源地的，还有以地下水井、山泉为饮用水水源地的，此外，还有通过修建水窖等储水设施作为饮用水水源地的。即使集中式供水也存在不同，有整个村或者几十户自建设施供水的，也有通过城乡一体化集中供水的。

（2）一些农村地区饮用水水源地水量、水质状况均不容乐观。我国一些农村存在水量不足问题，不论是丰水区还是缺水区、干旱区，都还存在缺水现象，既有资源型缺水，也有水质型缺水或工程型缺水。各地虽然都开展了农饮工程，由于自然条件限制以及配套设施的缺乏与经费的不足，目前还难以全面解决农村饮水安全问题。

3）部分农村饮用水水源地水污染较严重。据2006年卫生部调查数据，我国农村地表水超标率为40.4%，地下水超标率为45.9%。集中式供水中有消毒设备的仅占29.2%，分散式供水基本采取直接采用原水的方式。

1.3.2 我国饮用水水源地风险管理现状

1）我国饮用水水源地管理体制

（1）饮用水水源地管理中各部门职责。

饮用水水源地管理与保护涉及水源地的管理、污染源控制、水资源保护、水源地上游水土保持及水源地涵养等多项工作，也涉及水利、环保、城建、国土资源、卫生、农业、林业、交通（海事）等多个职能部门。同时饮用水水源地管理及供水工程管理部门在保护中也承担了一定职责。依据我国法律、法规的规定及"三定"职责，各有关部门在饮用水水源地管理与保护方面的主要职能如下：

水利部门：负责生活、生产经营和生态环境用水的统筹兼顾和保障；负责水资源保护工作，指导饮用水水源保护工作，指导地下水开发利用和城市规划区地下水资源管理保护工作；对重要江河湖泊和重要水工程实施防汛抗旱调度和应急水量调度，指导水利突发公共事件的应急管理工作；负责对江河湖库和地下水的水量、水质实施监测；指导水利设施、水域及其岸线的管理与保护；负责防治水土流失；指导农村饮水安全、节水灌溉等工程建设与管理工作；与环境保护部门一起对水污染防治进行监督管理（在实行水务一体的地方，城市集中供水也由水利部门进行统一管理，如北京、上海、海南等）。

环境保护部门：是饮用水水源地水污染防治的主要职能部门，负责饮用水水源地污染防治监督管理，会同有关部门监督管理饮用水水源地环境保护工作。

住房和城乡建设部门：指导城市供水节水工作；指导城市规划区内地下水的开发利用与保护；从行业角度通过对供水企业的管理，实施有关饮用水水源的保护。

卫生部门：负责公共场所和饮用水的卫生安全监督管理。

交通海事部门：主要控制船舶污染，对船舶污染源及污染事故进行监督管理。

国土资源部门：对地下水实施监测。

同时，各地方人民政府对各自的行政区域内饮用水水源地负责。

在饮用水水源地的管理上，地方政府是饮用水水源管理的主体，国务院有关部门行使指导职能。地方人民政府的水利、环保、卫生、建设、林业、国土资源等多个部门都有相应的管理职责，有些地方还成立了专门的饮用水饮用机构或者专门的供水管理单位，但部门之间存在职责交叉现象。

（2）流域性饮用水水源保护协作机制。

目前在一些流域建立了或正在建立流域性的水资源保护机制。如淮河流域水资源保护领导小组，海河流域水事公约，松辽流域水资源保护领导小组。这种协作机制跨越了行政区域与部门界限，正在对流域饮用水水源地管理与保护产生重要影响。但是当前主要限于执法检查、有关水污染信息通报及闸坝统一调度等方面，协作机制的广度及深度还不能达到实现饮用水水源地全面保护的要求。

2）各省及各有关部门所开展的相关工作

目前我国大多数省（自治区、直辖市）都制定了涉及饮用水水源地的规划甚至专门的饮用水水源地规划，并开展了饮用水水源保护区的划分工作。大部分省市做过专门饮用水水源地调查，并开展了农村饮水安全保障工作。有些省市制定了专门的饮用水水源区保护制度，如广东省 11 个地级市全部划定了饮用水水源保护区，河北重要饮用水水源水库也都划定了专门的饮用水水源保护区。这些保护区主要针对一些城市集中式饮用水水源地，如水库、湖泊、重要河流（段）及供水工程等。同时，一些省份还开展农村集中式饮用水水源地划分、水质调查工作。有些省市还成立专门的饮用水水源地管理办公室或相关部门。已有 16 个省（自治区、直辖市）划定并公布了地下水超采区，制定了地下水限采计划。

2000 年水利部启动了全国水资源保护规划，其中包括流域内主要饮用水水源地，但仅进行了技术审查程序，未经有关部门和政府批准。水利部也编制了全国农村饮水安全工程"十一五""十二五"规划，并按规划实施了农村饮水安全工程，自 2006 年起开始编制有关城市饮用水水源地安全保障规划，并在 2010 年与国家发改委、环保部联合发布了《全国城市饮用水水源地安全保障规划（2008—2020 年）》。此外，组织编制了全国重要江河湖泊水功能区划。在组织开展的水功能区划及其管理工作中，基于饮用水水源优先保护的原则，划分了饮用水水源保护区，规定的保护目标较高。组织开展了全国饮用水水源地水质旬报、月报工作。流域机构也组织开展了饮用水水源保护工作。如长江水利委员会历来重视丹江口库区水源保护工作，并成立专门的保护机构，开展了规划、监测和水资源保护管理工作。黄河流域水资源保护局开展了引黄入津水质监控和流域枯水期排污总量控制工作；珠江水利委员会于 2005 年春节期间实施了千里调水压咸工作，保障了包括澳门在内的珠江三角洲用水安全；海河水利委员会长期对流域内潘家口、大黑汀、官厅等供水水库实施直接管理，并建立了区域协调机制，落实有关保护工作。各级地方水行政主管部门根据职责开展了饮用水水源保护区内入河排污口管理工作，对饮用水水源地水质水量实施了监测，对农村水源情况进行了普查，河南等省对全省农村地下水源水质实施了调查。地方水行政主管部门所属水库、供水工程管理单位直接实施了水库和供水渠道保护工作。同时，自 2006 年起，水利部先后核准公布了三批供水人口在 20 万人以上的全国重要饮用水水源地名单，2011 年 4 月完成了第三批列入名录的重要饮用水水源地核准和第一批、第二批的复核调整工作，并将对供水人口在 5 万以上地表水饮用水水源地或供水水量在 1 万 m³/d 的地下水饮用水水源地建立国家饮用水水源地名录制度，进一步加强饮用水水源地的管理工作。此外，跨区域饮水安全保障应急调水、流域水资源统一管理以及水生态保护试点工作相继得以开展并取得了成效。2014 年又进行了地下水监测调查评估工作。

国土资源部以盆地和平原为单元，相继启动了首都地区、鄂尔多斯盆地、塔里木盆地、准噶尔盆地、河西走廊、柴达木盆地、银川平原、华北平原、山西六大盆地、西辽河平原、松嫩平原和三江平原的区域地下水资源及其环境问题调查评估工作，工作区域涉及 200 多万 km²。同时开展了严重缺水地区人畜饮用水地下水勘查示范项目。2000—2002 年，完成了新一轮全国地下水资源评估工作，重新计算确定了地下水资源量多年平均为 9235 亿 m³，其中地下淡水资源为 8837 亿 m³，全国地下淡水可开采资源量多年平均为 3527 亿 m³。1999 年以来，国土资源部重点开展了某些地区重要城市和某河流域地下水的污染调查评估工作。国土资源部建立了比较完善的地下水监测体系和监测网络，积累了长期的地下水监测资料，并进行了两轮（1981—1984 年，2000—2002 年）全国地下水资源评估。

环境保护部根据相关法规对饮用水水源地污染防治实施了监督管理，制定了《饮用水水源保护区划分技术规范》及《饮用水水源保护区标志技术要求》，全面开展了饮用水水源保护区划分与调整工作，并在部分地区开展了典型乡镇及农村地区饮用水水源基础环境状况调查评估工作。同时，环境保护部开展了相关环保专项行动，对饮用水水源地的环境保护进行监督检查，并对 2006 年以来各地饮用水水源保护区专项整治情况进行了全面检查，同时对影响 113 个国家环境保护重点城市饮用水水源水质的污染问题也进行了全面检查。2009 年环保部下发了《关于进一步加强饮用水水源安全保障工作的通知》。2010 年环保部制定了《农村生活污染防治技术政策》。为保障分散式饮用水水源地水质安全，环保部办公厅印发了《关于进一步加强分散式饮用水水源地环境保护工作的通知》（环办〔2010〕132号），制定了《分散式饮用水水源地环境保护指南（试行）》，指导农村饮用水水源地的环境保护工作。

建设部开展了城市水厂、城市污水处理厂和垃圾处理场的建设工作，在实施水务一体化管理的行政区，此项工作由水务部门负责。

卫生部于 1956 年 8 月联合建设部先后颁布关于城市规划和城市建设中有关卫生监督工作的联合指示，把"给水、排水、水源保护的卫生问题"列入工作内容之一，并制定了一批生活饮用水的规范和监测标准。1997 年卫生部联合建设部颁布了《生活饮用水卫生监督管理办法》，并于 1983—1988 年组织开展了全国生活饮用水水质与水性疾病调查工作，自 1992 年开始实施农村生活饮用水水质卫生监测工作。2006 年颁布了新的《生活饮用水卫生标准》（GB 5749—2006）后，卫生部和全国爱卫会于 2006 年 8 月至 2007 年 5 月在全国范围内开展农村饮用水、改厕、粪便处理、垃圾污水治理现状的调查工作。目前主要城市集中式饮用水水源地的出水水质往往由卫生部门进行检测。

1.3.3　我国饮用水水源地风险管理中存在的问题

1. 饮用水水源地本身的问题加大了饮用水水源地的管理与保护难度

1）城市饮用水水源地存在的主要问题

（1）水质是影响我国城市饮用水水源地安全的首要问题。对 2010 年调查的 4555 个城市饮用水水源地的综合评估结果表明，有 638 个饮用水水源地水质不合格，影响人口 5966 人。其中地下水水源地 411 个，河流（道）型水源地 116 个，水库型水源地 102 个，湖泊型水源地 12 个。而且中型水源地与小型水源地水质差于大型水源地，河流（道）水质差且供水水质不稳定，沿海地区城市易受咸潮或海水倒灌的影响。

（2）一些城市饮用水水源地检出有机污染物，同时水源地藻类污染有从南方向北方扩散趋势。

（3）因饮水导致的水性疾病发病率明显提高。全国每年仅水性传染病就达 5500 万例。

（4）水量仍然是影响城市饮用水水源地的突出问题。在 2010 年调查的 4555 个城市饮用水水源地中，水量不合格的就有 1233 个，占调查总数的 27%，导致水量不合格的主要原因是地下水超采，上游来水减少以及工程老化失修和工程供水不足。

目前，在全国 661 个建制市中，有 205 个城市为饮用水水源地不安全（水质、水量不合格）城市，影响人口达 9480 万人。饮用水水源地安全情况不容乐观。

2）农村饮用水水源地存在的问题

（1）许多农村由于条件限制，饮水安全还难以得到保障。

我国很多农村地处严重缺水的地区，自然条件恶劣，饮水困难。饮水困难的类型主要有 3 种：一是资源型缺水。在西北、华北、东北部分地区，年降雨量仅为 100~600mm，十年九旱，多年连旱，造成这些地区经年缺水。二是工程型缺水。在西南、华南、华中部分地区，年降雨量虽在 1000mm 以上，但由于地形、地貌和地质条件复杂，山高坡陡，沟谷深切，蓄水工程设施不足，有水蓄不住。三是水质型缺水。一些区域由于地理水文、气候及地球原生性因素，地下水和地表水本底就含氟、砷，并且严重超标，存在高氟水、高砷水、苦咸水情形，同时长江中下游还广泛分布着血吸虫。截至 2005 年底，全国饮水不安全的人口达 31 176 万人。

从 2005 年起，水利部在全国实施了农村饮水安全工程建设，共投入农村饮水安全工程总投资 1000 多亿元。截至 2009 年，共兴建各类供水工程近百万处，已经解决了 1.65 亿农村人口的饮水安全问题，年内还将解决 6000 多万农村居民的饮水问题，但还有将近 1 亿农村人口的饮水安全还难以得到保障。

（2）饮用水水源地中微生物超标现象较为突出。

2006 年卫生部调查结果显示：我国农村地表水超标率为 40.44%，地下水超标率为 45.94%；集中式供水超标率为 40.83%，分散式供水超标率为 47.73%。农村饮用水超标的主要因素是微生物指标超标，饮水中因细菌总数和总大肠菌群所引起的水质超标率为 25.92%。

（3）农村面源污染、生活垃圾及水土流失对农村饮用水水源地影响较大。

农村饮用水水源地周围大多有农田等耕作场所，或多或少对饮用水水源地造成污染。目前我国积累在饮用水水源地特别是地下水饮用水水源地中的含氮磷的化肥和农药，已经对至少 13 个省份农村数百万人的健康造成了威胁。在对湖北省农村的调查中发现，截至 2008 年底，湖北省已有 55 个市、县初步清查出近 30 年以来累积的废弃农药约 1510 多吨，其中剧毒、高毒、高残留农药约 450t，每年还有约 0.8 万 t 被农民遗弃在农田、沟渠的农药废弃包装物（袋、瓶）。2008 年湖北仅养猪一项即有 14.2 万 t 化学需氧量（COD）和 10.6 万 t 生化需氧量（BOD）流失到水体中。此外，湖北省仅集约化养殖（网箱、围栏和精养池塘）就排放了全省近 30% 的农村面源污染。而同时 2008 年湖北全省对生活垃圾进行收集的行政村仅有 5438 个，占全部行政村的 21.41%；对生活垃圾进行处理的行政村仅有 1845 个，占全部行政村的 7.26%。这些都对农村饮用水水源地造成了影响。

同时，我国农村地区有很多地处山区和水土流失地区，水土流失在输送大量泥沙淤积水库、湖泊的同时，也将化肥、农药和生活垃圾带入饮用水水源地。

2. 管理体制不协调

管理体制不协调主要表现在以下两个方面：

（1）饮用水水源地管理职责不清楚，相关部门之间缺乏协调。我国饮用水水源地管理体制是一种多职能部门的区域分割制度，相关职能部门之间职责不清，从而导致管理分散，监督无力，同时又存在职能交叉，相关部门之间没有形成良好的协调机制。

（2）饮用水水源地的管理与保护缺乏流域总体规划与流域协调。我国饮用水水源地实行的是区域负责制，在饮用水水源地管理与保护时注重行政区域利益，缺少流域饮用水水源地管理与保护总体规划，对跨行政区域的饮用水水源地管理与保护缺少统筹考虑，未建立以饮用水水源地为单元的流域与区域协调和有效合作的机制。

1.3.4 我国饮用水水源地风险管理需求

据统计，全国河流中水质为 I ~ III 类的不到 70%，为 IV ~ 劣 V 类的超过 30%，全国河流靠近城市段水质几乎全部为 V 类或劣 V 类，众多河流已基本丧失了作为生活饮用水水源的使用功能。同时污染严重的河水又通过补给地下水的方式污染河流两岸地下水，破坏了地下水水源地，导致许多地区地下水源被迫废弃，全国有超过 70% 的地下水不适合作为饮用水水源地。如果饮用水水源地污染现状不能得到改善，将很难支撑我国经济社会的快速发展。针对我国现状饮用水水源地突出的污染问题，现有饮用水水源地安全风险管理水平难以满足饮用水水源地管理与保护的实际需求，因此，为保障经济社会发展和人民群众身体健康，必须开展饮用水水源地安全风险评估与管理研究。

另外，近些年来我国多地区发生突发性水污染事件，如太湖发生大规模的蓝藻污染导致无锡等城市产生供水危机，秦皇岛市因洋河水库污染、长春市因新立城水库蓝藻污染和哈尔滨市因西流松花江突发污染导致了不同程度的城市供水危机等。据生态环境部调查，全国总投资近 1.02 万亿元的 7555 个化工石化建设项目中，81% 布设在江河水域、人口密集区等环境敏感区域，45% 为重大风险源。此外，由于化学品运输中的车辆超限超载现象严重，运输事故时有发生，致使化学品泄漏，污染饮用水水源。突发水污染事件有可能在短时间内造成水源地生态环境和供水系统重大损失，并可能进一步触发更严重的供水安全问题。随着突发性水污染事件相关事件的增多，国内许多城市已经陆续开展"水源地突发性污染应急机制"的研究和构建工作，但针对"饮用水水源地安全"的"风险评估体系"的研究显得相对薄弱，实践经验也处于积累之中。同时，我国现状饮用水水源地安全风险管理能力相对薄弱，缺乏相应的预警机制和监测体系，因此，为保障城乡供水安全，必须开展饮用水水源地安全风险评估与管理研究。

总体看来，面对日益严峻的突发性水源污染的形势，针对饮用水水源地安全风险管理预案的编制，已经成为不得不解决的问题。针对不同饮用水水源地的自身特点，构建不同类型饮用水水源地安全风险管理预案编制框架，提高饮用水水源地应对风险的能力，在未来一段时间将显得尤为重要。

第2章 饮用水水源地安全风险分析的理论基础

饮用水水源地系统是一个复杂的系统,因此,在对其进行安全风险评估前,首先要熟悉饮用水水源地系统的相关基础理论,包括基本的概念与内涵等。其次,由于安全风险分析的复杂性,需要熟悉安全风险评估的相关基础理论,包括安全风险评估的一般流程。在此基础上,本章对饮用水水源地安全风险的基础理论进行了分析和研究。

2.1 饮用水水源地相关理论

2.1.1 饮用水水源地的概念

1)水源地

水源地是水资源的重要载体,其主要功能是为经济社会发展和人类生产、生活提供水资源服务。目前国内外相关文献和著作中关于水源与水源地的定义相对较少,美国国家环境保护局将原水(Source Water)定义为来源于小溪、河流、湖泊以及地下含水层,用来供给个人用水和公共饮用水的未经处理的水。相应地,水源(Source Water Resource)则被定义为以人类生活饮用水原水供给为主要功能的小溪、河流、湖泊以及地下含水层。水源通常需要满足公众对水量和水质两个方面的最基本需求。水源地(Source Water Area)则被定义为个人用水和公共饮用水供给系统提供原水的区域,一是具备满足一定水量、水质要求的水资源量(小溪、河流、湖泊以及地下含水层),二是具备满足一定规模的地区饮用水需求的水源。从上述水源地的定义可以得出,水源地具有强烈的区域特性,即水源地是指为满足区域社会、经济、生态等众多方面用水需求的,拥有一定水源资源的地区。水源地既包括具有水源功能的水域,也包括与该水域水体相关的陆域。水源地系统是指水源所处的自然环境和社会经济的复合系统,其中水源是这一复合系统的核心和关键。

2）饮用水水源地

饮用水水源地是指提供饮用水原水的区域。目前，我国发布了《饮用水水源保护区划分技术规范》（HJ/T 338—2007）、《饮用水水源保护区标志技术要求》（HJ/T 433—2008）、《集中式饮用水水源环境保护指南（试行）》、《分散式饮用水水源地环境保护指南（试行）》等一系列行业标准，从中我们可以总结出关于饮用水水源地、饮用水水源保护区的基本定义与相关分类。

饮用水水源地：指为居民生活及公共服务行业（如政府、企业、医院、学校、餐饮业、旅游业等）提供满足一定饮用水水量、水质要求的水源地域，包括水域和陆域范围。饮用水水源地按照水体类型分为河道型饮用水水源地、湖库型饮用水水源地和地下水型饮用水水源地；按照供水人口数分为集中式饮用水水源地（≥1000 人）和分散式饮用水水源地（<1000 人）。

饮用水水源保护区：指国家为防治饮用水水源地污染和保证饮用水水源地环境质量而划定的，并要求加以特殊保护的，具有一定面积要求的水域和陆域。地表水饮用水水源保护区包括满足一定面积要求的水域和陆域。地下水饮用水水源保护区指地下水饮用水水源地对应的满足一定面积要求的地表区域。饮用水水源保护区一般划分为一级保护区和二级保护区，必要时可增设准保护区。

3）饮用水水源地系统

1982 年，钱学森在《论系统工程》一书中将系统定义为"把极其复杂的研究对象作为一个有机整体，这个有机整体是由相互作用和相互依赖的若干组成部分相互结合的具有特定功能的系统，而这个系统又是它所从属的一个更大系统的组成部分"。在饮用水水源地安全风险的研究过程中，考虑到饮用水水源地的整体性、动态性、复杂性和开放性等特点，同时考虑到安全风险评估与管理的要求，本书将以饮用水水源地系统作为饮用水水源地安全风险研究的主要对象，并将饮用水水源地系统定义为：由水源地水体、外界动态环境和周边陆地区域等组成的相互作用的具有供给人类饮用水功能的复合系统。主要研究对象为河道型饮用水水源地系统。

2.1.2　饮用水水源地的特征

饮用水水源地系统可以简单表述为一个自然环境和人类社会环境相互作用的复合系统，饮用水水源地保护区的范围、规模、结构、性质均由人类自己决定，其作用效力取决于水源地系统内外各种因素的综合影响。因此，深入研究探索饮用水水源地系统的变化规律及其变化原因，对于正确评估饮用水水源地安全风险状况，制定科学合理的安全风险评估与管理办法有着重要的理论和实践意义。

1）不完整性和开放性

饮用水水源地系统是一个处于相对不完整状态的开放性系统。从广义上讲，饮用水水源地系统所属的水资源系统是一个集自然环境、社会经济为一体的复合系统，系统内所有的自然、生态、社会、经济等因素都与水之间有一定的联系和作用。饮用水水源地系统的不完整性主要表现在两个方面：一方面是水源地系统的陆地一般不具有绝对的独立性、封闭性，在我国水源地保护区的范围通常较小，明确的地理界线通常只有半径为1000m的地域。另一方面是水源地的水体与流域的其他水体是连通的，均为水循环的一部分，即使是地下水水源地的含水层，许多也与其他含水层有不同程度的水量交换。由于饮用水水源地系统与水资源系统在空间上具有连续性，受到水资源系统其他部分的影响和制约，整个流域构成不可分割的有机整体。而水资源系统自身就是一个开放性系统，如地表水水源地系统的现象或过程是其上游历史现象或过程的延续或反映，其开放性特征表现得更为显著。

2）动态性和不确定性

饮用水水源地系统是一个处于动态变化过程中的开放性系统。在各种自然、生态、社会、经济因素相互联系、相互依赖、相互作用、相互结合的影响下，通过各种形式的物质、能量、信息的传递交换，使饮用水水源地系统随着时间演进而发生持续不断的变化。同时，饮用水水源地系统时间尺度的动态变化具有相当程度的不确定性。这一不确定性既来源于水资源形成和运动过程本身的随机性，也来自各种有意识或无意识的人类干预，如认识判断的失误、经验理念偏离实际、对变化演进后果预料不足等。

3）差异性和复杂性

饮用水水源地系统的差异性也可称为多样性，主要是其在不同地域具有不同的表现形式。气象、水文、地理、地质、经济、人文等因素组合的差异体现在水源地的水、土等环境的质、量和范围的变化上。饮用水水源地系统的差异性还表现在水源地类型的差异上：地表水水源地与地下水水源地不同，湖库型水源地与河道型水源地不同，不同含水层的地下水水源地也不相同。饮用水水源地系统的不完整性、开放性、动态性、差异性和不确定性决定了其复杂性，这种复杂性从宏观层面到微观层面都是随处可见的，其具体表现在系统内部和外部的各类因素都不同程度地影响系统的发展变化。系统内部和外部的各类因素的演化现象不尽相同，发展规律也可能各有差异，特别是各类因素的相互作用不尽相同、存在差异，是非线性的，这是复杂性产生的原因。

4）敏感性与脆弱性

饮用水水源地系统的内部和外部的各类因素在人为干扰和自然力的作用下处于动态变化过程之中，各因素之间也易于产生变化。饮用水水源地系统敏感性的表现形式在于单一的主导因素的改变就可使水源地整体状况发生变化，且变化幅度较明显，轻易就从量变转为质变。由于水源地保护区范围有限，承纳污染物的环境容量较小，承灾的阈值弹性小，使得水源地系统具有十分明显的脆弱性和易损性：一方面，饮用水水源地系统安全状况的主导因素（或条件）常常处于临界状态，由于主导因素的极不稳定性，其保持稳定的临界范围相对较窄；另一方面，饮用水水源地系统安全状况对外界干扰因素的抗逆性和承受力相对较差，其系统自我维持和修复能力相对较弱。敏感性与脆弱性是饮用水水源地尤为突出的特性，对饮用水水源地风险状况影响最大。

5）高度人工化

饮用水水源地系统是人类社会有机整体不可分割的一部分，而社会是一个以人为中心的自然、经济与社会的复合人工生态环境系统。人类社会经济的高速发展极大地改变了自然生态环境系统的组成状况，自然生态环境系统受到自然环境因素和人类剧烈活动的影响，变得更加复杂化和多样化，各种物质、能量、信息作用于饮用水水源地，目前几乎没有哪个水源地还处于"原生态"状态，各个水源地的"人工化"趋势日益明显。大量的人类工程设施（如道路、建筑物、公用设施等）很大程度上改变了水源地原有的自然生态环境系统的物理结构，不仅使水源地范围内原来的水、生物、大气、土壤等自然生态环境系统结构和组成发生了变化，而且经济、政治、法律、道德、文化教育等也构成了饮用水水源地的人类社会环境系统。因此，饮用水水源地系统是自然生态环境系统和人类社会环境系统相互作用而形成的统一体，大部分饮用水水源地原有的自然生态系统已逐渐被人工生态系统或次生性生态系统所取代。

2.1.3　饮用水水源地的功能

作为饮用水水源地，其最重要的功能就是供水功能，同时还可能拥有防洪、灌溉、发电等功能，如河道型饮用水水源地还兼顾航运功能。饮用水水源地所具备的功能与所处地理位置、自然环境、社会经济、流域特征及水源地特性等有着密切的关系，如图 2-1 所示。饮用水水源地所在流域基本特征包括流域自然条件

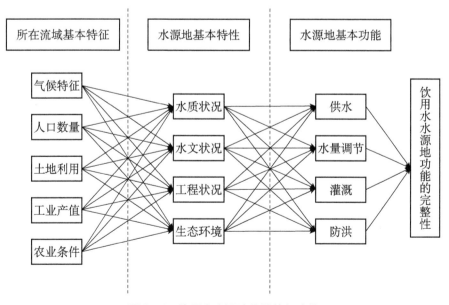

图 2-1　饮用水水源地的特性与功能

和社会经济状况，如气候特征、人口数量、土地利用、工业产值、农业条件等，各类因素相互联系、相互作用、相互依赖，从而影响了饮用水水源地的水质、水文、工程和生态环境等状况，并在一定程度上决定了饮用水水源地的供水、防洪、水量调节、灌溉等基本功能。

2.2 安全风险评估相关理论

2.2.1 风险的定义

风险（risk）既是一个通俗的日常用语，也是一个重要的科学术语，并在经济学、生态学、环境学、计算机学中被广泛运用。但是，国内外对于风险并没有得出一个统一的定义，表 2 – 1 给出了国内外较为常见的关于风险的定义。

表 2 – 1 风险的定义

出处	定义
Haynes（美国，1895）	风险为损失的概率
Willet（美国，1901）	风险是对不希望发生的事件发生的不确定性的客观体现
Rosenbloom（美国，1984）	风险是损失的不确定性
Williams（美国，1985）	风险是指在给定情况下和特定时间内，那些可能发生的结果间的差异
Wilson（美国，1987）	风险为不确定性，即期望值
Boothroyd（美国，1996）	风险是造成灾害损失等不利事件发生的可能性
国际地科联滑坡研究组（1997）	风险是不利事件发生的概率及其引起后果的严重程度
Bloomfield（美国，1998）	风险是通过统计方法可以度量的一种不确定性
三郎池田（日本，1998）	风险是指不利事件发生的概率及其引起后果的组合
《韦氏词典》（美国，2001）	风险是损失或伤害的不确定性
《牛津词典》（英国，2010）	风险为损失、人员受伤或其他不利情形发生的可能性
《风险管控 术语》（GB/T 23694—2013）	风险为不确定性对目标的影响
罗祖德（中国，1990）	风险是损失的不确定性
胡二邦（中国，2000）	风险是指在一定时期内产生有害事件的概率与有害事件后果的乘积
束龙仓（中国，2000）	风险是事故、事故可能性以及事故出现的损失三者相结合
汪鹏南（中国，2004）	风险是由不利事件造成损失的不确定性
刘恒（中国，2011）	广义风险是指一个或多个由危险导致的事故发生而产生损失过程的不确定性；狭义风险是指事故发生后损失的期望值

从上述风险的各类定义中可以得出，风险的核心是"存在危害或损失的可能性"，是一个与破坏、伤害、损失等负面效应相联系的表述，可以认为风险是与不利事件相关的一种未来情景，并将其定义为"发生不利事件情景的可能及损失"。这一定义概括了风险的双重不确定性，即事件发生的不确定性（概率）和事件发生所导致的严重后果的不确定性（灾害损失）。

本书根据风险的一般定义，结合饮用水水源地系统的特征，认为饮用水水源地安全风险是指在各种自然因素或者人为因素综合作用下，饮用水水源地安全受到不同程度的威胁，导致其不能满足人类的正常取水需求，其主要为供水中断事件发生的概率及其可能产生的后果的综合体现。

2.2.2　风险的评估

人类很早就意识到风险的存在，在核工业逐步兴起的 20 世纪 40 年代到 50 年代，风险分析与评估才作为一个正式学科而被人类所研究，随后迅速应用到工业、经济等各个方面。不同行业针对风险的度量存在着根本的不同，但风险分析与评估却有一个大家普遍接受的相对一致的流程。目前，国际上普遍运用的风险分析与评估流程主要分为 4 个步骤：风险辨识、暴露评估、强度－反应评估、风险评估。该流程是由美国国家科学院研究委员会于 1983 年公布的具有开创性影响的报告"联邦政府的风险评估"中所提出的。在不同的行业领域中应用时，这 4 个步骤之间的分割会有所不同，但遵循的原则和规律基本一致，即在风险源与风险受体识别与评估的基础上，通过分析风险源与风险受体之间的影响因子和作用机理，建立风险评估模型来估算系统的风险。

风险分析与评估流程有广义和狭义两种。广义上的风险分析与评估流程是一种风险分析、风险识别、风险评估和风险测算的过程，通过开发、选择和制定管理方案来解决这些风险而形成有效的手段。广义上的风险分析与评估流程是一个风险辨识、风险估计、风险评价、风险处理和风险决策的周而复始的过程，如图 2－2 所示。而狭义上的风险分析与评估流程是指通过定量分析的方法给出规避风险所需要的费用、进度、性能 3 个随机变量结合的可实现值的概率分布。

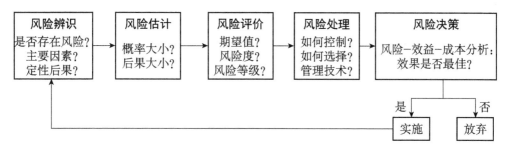

图 2－2　广义上的风险分析与评估流程

风险分析与评估方法通常分为定性风险分析与评估方法和定量风险分析与评估方法。定量风险分析与评估是在定性分析与评估的逻辑基础上，给出各个风险源的风险量化指标及其发生概率，再通过一定的方法进行合成，得到系统综合风险的量化值。定量风险分析与评估方法已逐步发展成为工程及其相关领域一个重要的风险管理工具。风险的大小取决于不利事件的发生概率、引起损失的严重程度两个方面。这两个方面单独来说都可以用统计学或其他数学方法来计算获得，但是在评定风险等级的时候，如何将这两个方面的计算结果科学合理地结合起来，则需要针对不同风险进行分析判断，而且不同的风险评估者有可能得到不同的风险评估结论。风险等级示意图如图 2－3 所示。

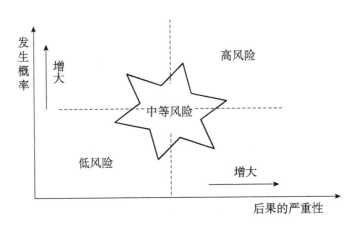

图 2－3　风险等级示意图

2.2.3　风险的管理

风险控制是指根据风险分析与评估的结果，根据相关法律法规，选择合理有效的控制技术，进行规避风险所需费用和产生效益分析计算，确定可接受的风险程度和可接受的损失水平（风险管理标准），在充分考虑社会经济和政治因素及相关政策分析的基础上，选择并实施适当的风险管理措施，将风险控制在可接受的范围内。风险控制的主要目的是在风险评估的基础上，在风险控制行动方案效益与其实际或潜在的风险控制代价之间谋求平衡，以选择最佳的风险管理方案。风险控制的中心任务是通过有效的风险管理手段，以最小的成本获得最大的安全保障。风险管理者则需要在风险辨识、分析和评估的基础上，针对所存在的各类风险因素，采取各种规避风险的措施、方法和手段，以消除或降低各类风险因素带来的危险性，在风险发生前，降低风险发生的概率；在风险发生后，降低风险造成的损失。风险控制示意图如图 2－4 所示。

风险控制策略总体上来说可以分为优先控制和全过程控制两类。优先控制主要是依据区域内各类风险的大小，对高风险的区域、事件和环节进行优先控制。

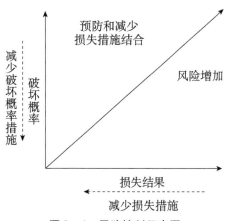

图 2-4　风险控制示意图

全过程控制主要是从潜在的风险源、诱发因子、发生过程及后果影响等全过程来进行分析，制定规避或减少风险发生的控制措施，降低风险发生造成的损失。全过程控制又分为前端控制和末端控制：前端控制主要是指风险发生前，针对潜在的风险源、诱发因子等风险因子进行控制，在其演变成真正的风险源时，减小风险源的发生概率，控制其风险发生的规模；末端控制主要是指风险发生后，针对风险的传播途径和扩散范围以及作用对象的特点等进行控制，控制风险扩散的速度，降低风险因子的损失。

风险管理理论是在 20 世纪 30 年代到 60 年代期间逐步发展成为一门新兴的管理学科。各国学者们从风险管理的出发点、目的、手段和管理范围等不同方面提出了各种学说，其中以美国学者和英国学者的风险管理理论最具代表性。美国学者通常狭义地解释风险管理，他们把风险管理的对象局限于纯粹风险，并将研究重点放在风险的控制上：梅尔和赫奇斯提出风险管理的主要目的是控制风险引起的实际和潜在的损失；格林和赛宾提出风险管理的主要目的是在不利事件引起的意外损失发生后，控制恢复财务稳定性和营业活力所需要的有效资源，即以一个相对固定的费用将长期风险引起的可能损失降低到最小程度；巴格利尼提出风险管理的主要目的是在保持企业财务稳定性的同时，尽量减少因各种风险的损害所支出的总费用。英国学者关于风险管理的理论，则把研究重点放在经济的控制方面：英国伦敦特许保险学会的风险管理教材把风险管理定义为"为了减少不定时间的影响，计划、安排、控制各种业务活动和资源所花费的费用"；班尼斯特和鲍卡特把风险管理定义为"风险管理是对威胁企业资产和收益的各类风险进行识别、测定和经济控制"；迪克森则认为风险管理是对威胁企业的资产和收益能力的一切风险因素进行确认、评估和经济控制。

因此，风险管理可作为一种特殊的管理工具，其管理对象是作为社会现象的组织及其成员，通过对风险的认识、分析、衡量、预测和评估，考虑风险发生的种种不确定性和限制性，提出供决策者决策的方案，力求以相同或较少的成本获得较多的安全保障和更少的损失。这表明风险管理是一种社会现象，涉及个人、家庭、企业、政府、国家乃至整个国际组织；风险管理又是一种系统工具，通过对现实和未来的风险、显在和潜在的风险的认识、分析、衡量、预测、评估，供风险决策者参考；同时，风险管理还是一种控制手段，其主要目标在于控制和减少风险引起的损失，提高有关单位和个人的经济利益或社会效果。

2.3　饮用水水源地安全风险基本理论

饮用水水源地系统是一项复杂的系统，对其进行安全风险评估，首先要熟悉饮用水水源地安全风险的主要构成及其特征，然后对其现有的风险进行因子识别与机理分析，最后选取适当的评估方法对其进行安全评估，从而为饮用水水源地安全风险评估与管理提供支撑。

2.3.1　风险的内涵与构成

饮用水水源地安全问题通常是指随着气候剧烈变化、经济高速发展和供水人口激增，饮用水水源地出现了水质污染、水量短缺、水位下降、地面塌陷、工程损坏等一系列问题，从而破坏了饮用水水源地原有的动态平衡结构，进而丧失了饮用水水源地的供水功能，不能满足人类社会的最基本的取水需求，从而影响群众身体健康和社会发展稳定。饮用水水源地安全的内涵分为两个方面：一是饮用水水源地安全本身的自然属性，即饮用水水源地具有抵御外界干扰的能力，如地下水水源地含水层厚度、含水层介质和包气带、土壤类型等，都会影响外来物质在地下水中的去向。二是饮用水水源地安全外在的社会属性，即饮用水水源地很容易受到人类活动的影响，从而会做出一系列反应，如水质污染、水量短缺、海水入侵、水体富营养化等。因此，一个安全的饮用水水源地是指在一定的时间尺度内能够持续地维持它的供水功能，也能够维持对外界干扰的恢复能力。换言之，安全的饮用水水源地应该在水量和水质均满足要求的条件下，具备持续的水源供给能力和较强的环境承载能力，并且饮用水水源地周边区域生态环境始终处于一个良好的状态，同时能够较大限度地满足人类安全饮用水取水的需要。

本书在综合饮用水水源地安全的自然属性和社会属性的基础上，将饮用水水源地安全风险分为水量安全风险、水质安全风险、生态安全风险、工程安全风险和管控安全风险5类。

（1）水量安全风险。饮用水水源地水量安全风险主要是指在特定时空环境条件下，因自然环境变化或人类活动影响导致水源地水量发生变化，从而不能满足可持续取水需求事件发生的概率及其造成的损失。饮用水水源地水量安全风险主要分析上游来水量减少和水源地供水区需水量增大等事件发生时，导致水源地水量不能满足可持续取水需求的可能性。饮用水水源地拥有充足的水量是保障人类正常生产和生活取水的前提，而充足的水量则是指在一定的自然、经济和社会发展水平条件下，保障人类正常生产、生活和生态需求的可持续用水量。

（2）水质安全风险。饮用水水源地水质安全风险主要是指在特定时空环境条件下，因自然环境变化或人类活动影响导致饮用水水源地水体污染或水质恶化，从而不能满足可持续取水需求事件发生的概率及其造成的损失。根据污染状态可分为突发性水质安全风险和非突发性水质安全风险两类。突发性水质安全风险是指由于有毒污染物违规排放或人为投毒等突发性污染事件造成的水体污染，具有极强的不可预测性和破坏性，短时期内造成破坏和影响相对较大；非突发性水质安全风险是指随着时间的推移，排入水体中的污染物不断积累，在不同程度上超过了水体环境容量，导致水体水质恶化，具有一定的积累性和潜伏性，短时期内造成的破坏或影响相对较小。

（3）生态安全风险。饮用水水源地生态安全风险主要是指饮用水水源地所处的水体和陆域生态环境发生了自然衰竭、生境破坏、资源生存率下降、环境污染和退化等问题，给饮用水水源地造成了短期灾害或长期不利影响，甚至危及物种生存和社会发展，从而不能满足可持续取水需求事件发生的概率及其造成的损失。从客观方面来看，指的是饮用水水源地生态环境遭受损害从而引起不能取水事件发生的可能性；从主观方面来看，指的是人类破坏饮用水水源地生态环境从而引起不能取水事件发生的可能性以及对危害后果严重程度的认识。

（4）工程安全风险。饮用水水源地工程安全风险主要是指饮用水水源地建筑物因自然灾害、人为破坏等发生整体性破坏或局部破坏，导致建筑物耐久性变弱、可靠性降低，造成饮用水水源地功能丧失或受损的可能性，从而不能满足可持续取水需求事件发生的概率及其造成的损失。饮用水水源地工程安全风险主要来自阻水建筑物、泄水建筑物和取水建筑物，取水建筑物和泄水建筑物往往依托阻水建筑物而建，一旦阻水建筑物发生破坏或损坏，取水建筑物和泄水建筑物也会出现破坏或者无水可引（泄）的失效现象，因此三类建筑物安全之间具有一定的关联性。

（5）管控安全风险。饮用水水源地管控安全风险主要是指饮用水水源地管控部门因专业技术水平限制、运行资金短缺、保护区划分不合理、法规条例执行力度不够、应急监测系统不完善等，给饮用水水源地安全管控造成短期或长期影响，在一定程度上影响饮用水水源地正常运行，从而不能满足可持续取水需求事件发生的概率及其造成的损失。

2.3.2　风险因子识别

饮用水水源地安全风险源的辨识是饮用水水源地安全风险因子识别的基础。

饮用水水源地安全风险源是指由自然原因和人为活动引起的，可能导致水体水量变动、水质污染的一切自然因素和人为因素的总称。饮用水水源地安全风险源具有两个主要特征，即不确定性和危害性。不确定性主要指人们对不利事件发生的时间、地点、强度等难以做出准确预测；危害性主要是指不利事件发生后会对水体水量甚至整个水源地系统造成破坏。饮用水水源地安全风险源辨识是通过对水源地自然环境、社会环境以及历史安全事件的调查分析，对饮用水水源保护区内潜在的风险源、可能发生的情景以及可能造成的影响进行定性或定量的分析，以确定不利事件的事故源、污染种类和危害程度等，为饮用水水源地的管理、规划以及应急措施的研究、制定提供依据。

风险因子是促使或引起不利事件发生的主要条件，风险因子是不利事件发生的潜在因素，是不利事件发生后引起损失的间接和内在的原因。在风险因子识别之前应明确风险管理对象，对其进行系统的界定，在充分收集资料的基础上，对其进行风险因子识别。在识别分析过程中，应做到快速准确地对风险影响因素进行甄别，找出影响饮用水水源地安全的主要因素，从而对其进行科学分析。目前，风险因子识别的方法主要有层次分析法、故障树分析法、头脑风暴法、等级全息建模法和贝叶斯网络法等。根据上述饮用水水源地安全风险的构成，采用不同的风险因子识别方法对其进行识别，具体见表2-2。

表2-2　不同类型风险因子识别方法

类型	识别方法	类型	识别方法
水量安全风险	故障树分析法	工程安全风险	层次分析法
水质安全风险	故障树分析法	管控安全风险	故障树分析法
生态安全风险	故障树分析法	水源地安全综合风险	贝叶斯网络法

2.3.3　风险机理分析

风险机理分析主要是对风险事件发生的原因进行分析。人们为了避免风险事件发生，开始探寻事件发生的规律，并提出了诸多理论来表述事件成因、始末过程和后果（损失）等，从而对事件发生机理进行分析，而风险机理理论通常被称为事故致因理论。最初的事故致因理论一般认为事故的发生仅与一个原因或几个原因有关，考虑得相对比较简单。这一时期以法默尔（Farmer）的事故频发理论和海因里希（Heinrich）的事故法则为代表，主要是从"人"的角度对事故成因进行分析。到了第二次世界大战以后，事故判定技术和人机工程学的快速发展使得事故致因理论出现了新理论。这一时期以葛登（Gorden）的用于事故的流行病学方法理论和吉布森（Gibson）的能量转移理论为代表，主要用于研究引起事故发生的各类因素间的关系特征，促进了事故发生因素的调查、研究，揭示了事故发生的物理本质。随后，从各种事故发生的表面原因的研究逐步向更深层次原因的研究发展，即从人的不安全行为、物的不安全状态等直接原因的研究向管控缺陷等深层次原因的研究发展。这一时期研究人员结合信息论、系统论、控制论提出了许多新的事故致因理论和模型，如瑟利模型、威格里斯沃思模型、劳伦斯模型、萨利模型、扰动起源事故理论、变化－失误理论、轨迹交叉论、两类危险源理论、事故致因的突变模型、安全流变与突变理论等。进入 21 世纪，一些分析事故致因的综合理论逐步成熟起来，人类开始全面辨识引起事故发生的各类风险源，并通过多种手段和途径来控制事故的发生，实用性较强。

饮用水水源地安全风险机理分析主要是在风险对象、风险因子和致因环境分析的基础上，分析饮用水水源地安全风险事件形成的机理，重点分析风险因子驱动风险事件发生的机理和致因环境形成的机理。饮用水水源地安全风险机理分析是对风险因子识别的深化，是风险评估与管理的基础，也是制定风险控制的依据。

2.3.4　风险评估

风险评估就是对系统可能发生的不利事件进行定性或定量的分析，进而评估不利事件发生的可能性及引起损失的严重程度，从而能计算出最优的控制风险的措施。风险评估是在风险因子识别和机理分析的基础上进行的，针对不同类型的风险需要选择不同的评估方法。风险评估方法主要有定性评估、定量评估和定性评估与定量评估相结合三种。定性评估方法主要有脆弱性自我评估工具（Vulnerability Self-Assessment Tool）、脆弱性自我评估法（Vulnerability Self-Assessment）等；定量评估方法主要有直接积分法、一次二阶矩阵等。定性评估和定量评估均有各自的缺点，定性评估无法估计出不利事件发生的可能性，不能说明整个系统的累加风险是多少；而定量评估可以解决这些问题，但定量评估多用于结构风险分析等领域。饮用水水源地系统受众多外界因素及系统内在特征的影响，其安全风险也始终处于不确定的状况之中，由于难以将系统中各种变量与自变量之间的关系用具体的函数关系或者简化的数学模型表达出来，因此，在饮用水水源地安全风险评估的研究中，通常采用定性和定量相结合的评估方法，如蒙特卡洛模拟法、灰色系统理论、模糊综合评估法、贝叶斯网络法等方法。饮用水水源地安全风险评估流程如图 2－5 所示。

2.3.5　风险管控

饮用水水源地安全风险管控是一个在分析风险、识别风险、评估风险的基础上，制定一个系统的、完整的选择和实施风险处理方案的过程。饮用水水源地安全风险管控是对影响饮用水水源地安全的各类风险因素进行分析、评估和控制。

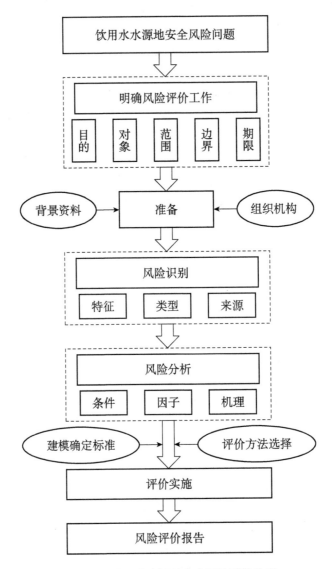

图 2 - 5 饮用水水源地安全风险评估流程

从总体来看，饮用水水源地安全风险管控目标的确定必须与水源地管控者等风险主体的目标一致，即不同阶段的饮用水水源地安全风险管控目标要和同时期水源地管控总体目标一致。对单个水源地来说，其保护区内存在的风险源可以通过采取行政措施，将其直接排除，以降低该水源地的风险。例如：在水源地的一级保护区内存在的采砂场是该水源地的一个重要风险因子，根据国家相关规定，可以通过采取行政措施，强制勒令其关闭，从而直接将该风险因子清理排除。

第3章 饮用水水源地安全风险管控框架

3.1 饮用水水源地安全风险管控相关要素分析

3.1.1 风险管控对象

本书中饮用水水源地安全风险管控的对象是按照饮用水水源地的水源类型进行划分的，主要分为河道型饮用水水源地、湖库型饮用水水源地和地下水饮用水水源地。

（1）河道型饮用水水源地：以河流作为取水水源地域的饮用水水源地，可分为大中型河流和小型山溪。

（2）湖库型饮用水水源地：以湖泊、水库作为取水水源地域的饮用水水源地，可分为大中型湖泊、水库和塘坝。

（3）地下水饮用水水源地：以地下水水源作为取水水源地域的饮用水水源地，可分为浅层地下水源、深层地下水源和山涧泉水地下水源。

本书研究的饮用水水源地区域以饮用水水源地保护区为主，以饮用水水源地集水区为外延拓展区域。

3.1.2 风险源

饮用水水源地安全问题通常是指伴随着社会经济的发展和人口的增长，水源地出现了水质污染、水量短缺、水位下降、地面塌陷等环境问题，由此造成人体健康状况恶化、人口死亡等问题。由于人类活动影响，使得水源地水量减少、污染加剧，改变了水源地的动态平衡结构，并且降低了水质。由于人类持续的社会经济活动，使得水源地降低甚至丧失正常的供水功能，不能满足人们对饮用水的基本需求，危及人体健康。饮用水水源地风险源则是指导致上述安全风险后果产生的起因和条件，在饮用水水源地安全风险管控过程中，要先对风险源进行识别，然后进行分析评估。

1. 风险源辨识方法

目前国内对风险源辨识的研究多集中于生产安全危险源方面，专门针对饮用水水源地安全风险源辨识的研究相对较少，可供利用的方法不多，且多以定性评判为主，主要方法有专家分析法、现场调查法、幕景分析法、资料收集法等。

1）专家分析法

所谓专家分析法是指以专家作为索取信息的对象，依靠专家的知识和经验，由专家按照规定程序对问题做出判断、评估和预测的一种方法。由于风险源辨识的主要任务是确定影响水源地安全的种类并对其后果进行定性分析，而不要求定量分析；同时，某些风险因素难以确定，或者说无法在短时间内通过统计分析、实验监测、现场调查等方式得到证实，因此，可通过专家分析法对风险源进行辨识。专家分析法以专家经验和专业知识为基础，能够较为准确地反映风险源状况，是经验调查法中一种比较可靠、科学性较高的方法。

2）现场调查法

现场调查法是从社会学引入的一种定性分析方法，是指在没有明确理论假设的基础上，研究者直接接触研究对象并收集资料，然后依靠自身对研究问题的理解和抽象概括，从资料中获得定性结论的方法。现场调查法所获取的资料通常是描述性资料而非简单的数字；同时，由于研究结果中蕴含了研究者长时间的亲身体验和感性认识，可以使人更加深入地了解被研究对象的特征，使得研究结果更加系统、全面，也更有说服力。现场调查法是目前最常用的一种突发性污染源分析方法，对水源系统而言，调查内容通常包括流域自然环境调查、潜在风险源调查、历史突发性污染事故调查等内容。

3）幕景分析法

幕景分析法是一种能够识别关键因素及其影响的方法，是一种半定量的分析方法。幕景分析法通常包括筛选、监测、诊断三部分内容。其中，筛选是指通过某种规定，将具有潜在危险的污染物、污染过程和现象进行分类；监测是指针对某种风险及其后果，对污染物、过程和现象进行观测、记录和分析；而诊断则是根据症状及后果，找出发生不利事件的原因，并进行仔细分析，尽可能降低风险的发生概率。幕景分析可以扩展研究者的视野，增强对研究对象的认识及潜在变化的分析，但是在实际应用过程中，应注意避免"隧道眼光"现象。因为所有幕景分析都是以目前的状况和信息水平为研究对象，所得研究结果可能与实际状况存在一定的偏差，就像从隧道中看洞外的世界一样具有一定的局限性。因此在实际应用中，幕景分析法通常与其他分析方法（如现场调查法）交互使用。

2. 风险源归类分析

饮用水水源地风险源是指由自然原因和人为活动引起的，可能对水体水质造成污染甚至对水环境造成破坏的一切自然因素和人为因素的总称。饮用水水源地风险源具有两个主要特征，即不确定性和危害性。不确定性主要指人们对安全事件发生的时间、地点、强度等事先难以做出准确预料；危害性主要是针对安全事件的后果而言，一旦发生安全事件就会对水体水质甚至整个供水系统造成破坏。饮用水水源地风险源分析是通过对水源地自然环境、社会环境以及历史安全事件的调查分析，对水源保护区内潜在的风险源、可能发生的情景以及可能造成的影响进行定性或定量的分析，以确定安全事件的可信度、事故源、污染种类和危害程度等，为水源地的管理、规划以及应急措施的研究、制定提供依据。

饮用水水源地安全事件可分别按风险源位置、污染物进入水体的途径、污染物泄漏扩散方式和安全事件的诱因等进行分类，从不同的角度去分析安全事件的本质。

1）按风险源位置分类

饮用水水源地安全事件按风险源位置可分为固定源、移动源及累积环境源三类，具体见表 3-1。

表 3-1　按风险源位置分类

类别	具体风险源	污染特征
固定源	工业污染源	由点及面，从局部向整体扩散，多为有毒有害化学性污染
	废水处理厂	
	危险有毒化学品仓库	
	废弃物填埋场	
	装卸码头	
移动源	航运船舶	由点及面或呈带状污染，主要为油品及有毒有害化学性污染
	货运车辆	
累积环境源	潮汐（咸潮入侵）	水体盐度增高，污染流域
	水灾	有机物浓度激增，生物性污染为主
	农业污染源	污染物浓度增高，影响范围大

（1）固定源。固定源是指发生位置基本固定的风险源，主要包括工业污染源、废水处理厂、危险有毒化学品仓库与废弃物填埋场和装卸码头。该类风险源发生安全事故时，其泄漏、排放地点一般固定，事件起初的影响范围也只限于局部水域，由点及面，逐渐扩散，以化学性污染为主。其中，工业污染源和废水处理厂的污染形式主要表现为污水排放口的非正常超标排放；危险有毒化学品仓库和废弃物填埋场的污染形式一般表现为渗漏液或冲刷液等随雨水或其他径流汇入水体；装卸码头的污染形式一般表现为货品直接掉入或流入水体形成污染。

（2）移动源。移动源包括水体中的航运船舶以及沿岸公路上行驶的货运车辆。航运船舶引起的污染形式主要表现为燃油溢出、化学品货物泄漏等；货运车辆引起的污染形式主要表现为化学品货物的倾翻入水。该类安全事件具有诸多不确定性因素，如发生位置的不确定性，发生时间的不确定性，泄漏物质的不确定性以及泄漏量的不确定性等。

（3）累积环境源。潮汐和水灾引起的大面积非点源污染可归为流域源，该类风险源发生安全事件时，同样具有发生突然、瞬间污染强度大等特点，但与其他两类不同的是，潮汐、水灾是整个流域的自然、水文现象，受人类活动的干扰不是很强，发生前可能会有一定的预兆，甚至有周期性预测的可能。该类安全事件可能会造成大规模、整个流域的污染，但由于其发生频次十分有限，且可以进行一定的预测，真正的破坏性影响力往往不如其他两类。大面积的农业污染源也可归为流域源，该类风险源发生安全事件时，具有持续时间长、影响范围大等特点，多以有机污染为主，受人类活动的干扰比较明显。此外，流域源具有一定的地域性，相比于固定源和移动源不太具有普遍性。

2）按污染物进入水体的途径分类

饮用水水源地安全事件按污染物进入水体的途径可分为四类，具体见表3-2。

表3-2　按污染物进入水体的途径分类

污染途径	典型事件	事件原因
液相直接流入	固定源排污口直接大量超标排放，液货码头货物倾翻等	设备故障，操作失误，管理疏忽
	移动源因碰撞、挤压、爆炸、侧翻等引起燃油泄漏及液态化学品泄漏等	机械故障，操控失误，气候、水文、道路等环境条件极端或异常
	流域源污染物质液相流入水体	自然水文灾害
固相溶解沉积	移动源因碰撞、挤压、爆炸等导致运载的固相化学品倾翻入水等	机械故障，操控失误，气候、水文、道路等环境条件极端或异常
雨水冲刷汇入	固定源储存罐、仓库等因泄漏、溢出或爆炸产生的化学物质经雨水冲刷或违规排放，直接排入或汇入水体	设备故障，操作失误，管理疏忽，应急处置不当
颗粒沉降入水	固定源非正常性产生大量化学颗粒粉尘，通过空气传输后沉降进入水体	设备故障，操作失误，管理疏忽

3）按污染物泄漏扩散方式分类

饮用水水源地安全事件按污染物泄漏扩散方式可分为四类，具体见表3-3。

表3-3　按污染物泄漏扩散的方式分类

泄漏扩散方式	危害影响
非持久性污染物排放在能很快扩散的地点	基本无生态环境危害
非持久性污染物排放在不能很快扩散的地点	有一定生态环境危害
强持久性污染物排放在不能很快扩散的地点	较严重的生态环境危害
持久性污染物排放在能很快扩散的地点	极为严重的生态环境危害

（1）非持久性污染物排放在能很快扩散的地点。这一类型的安全事件一般不会造成严重的生态环境危害，对取水口水质的影响也极小。例如，一种能快速降解的污染物（比如酚）泄漏进入河流或河口，由于扩散、稀释作用而使其浓度降低，同时浓度又因降解作用而进一步降低，使污染物在较短时间内消失。

（2）非持久性污染物排放在不能很快扩散的地点。该类安全事件可能会对水生态系统造成比第一种类型更严重些的后果，因为污染物的浓度很可能会在较长的时间内对生物构成负面效应，虽然是非持久性物质，但也可能维持在致死浓度以上达数天甚至几个星期。由于影响范围相对较小，通常情况下此类污染对水源地水质的影响不大，除非泄漏位置与水源地取水口十分接近。

（3）强持久性污染物排放在不能很快扩散的地点。该类安全事件可能会在局部产生比较严重的生态危害和影响，强持久性污染物的浓度很可能长时间维持在致死浓度以上。但由于影响的范围较为局部，经过快速的污染物清理和恢复处理，一般情况下对水源地的影响也不是很显著。

（4）持久性污染物排放在能很快扩散的地点。该类安全事件是四种类型中最危险和最不幸的，其影响范围广且危害时间长。一些持久性污染物会通过生物富积放大作用进入食物链的上一级，一直到人类。从污染过程看，由于污染物的持续时间很长，且在环境中易扩散，事故发生后有毒物质会很快广泛分布于水体、水域底泥及水体生物体中。经济上，此类污染事件发生后，需要耗巨资把底泥挖起来处理，而且这样大规模的转移对水体生态系统的干扰所造成的损失也很大；技术上，处理此类污染物难度较大，而且在处理的过程中，很可能带来比已经存在的危害更为严重复杂的环境生态问题。

4）按安全事件的诱因分类

饮用水水源地安全事件按诱因可分为人为风险源和自然风险源两类，具体见表 3 - 4。

表 3 - 4　按安全事件的诱因分类

类别	具体风险源	污染特征
人为风险源	工业生产	发生的不确定性较大，造成的危害后果不稳定，处理周期不确定
	居民生活废弃物	
	生产事故	
	水源地规划风险事故	
	交通运输及交通事故	
	恐怖袭击事件	
	人为投毒事件	
自然风险源	气候突变	发生的可能性较小，但造成的危害更大，处理周期更长
	季节变化	
	生态风险事故	

（1）人为风险源。人为风险源是饮用水水源地安全事件的主要风险源，是由于人类活动、人为过失或蓄意破坏等造成的，主要包括工业生产、居民生活废弃物、生产事故、水源地规划风险事故、交通运输及交通事故、恐怖袭击事件和人为投毒事件。从我国国情来看，发生恐怖袭击事件和人为投毒事件的可能性较小，工业生产、居民生活废弃物是人为风险源的主体。

（2）自然风险源。自然风险源是指由于人为因素之外的自然环境变化或发生重大自然灾害而造成的饮用水水源地安全事故，主要包括气候突变等自然灾害带来的水源地破坏、季节变化引起的水质周期性污染、生态风险事故等。与人为因素相比，自然因素引起的水源地安全事件发生的可能性较小，但是一旦发生则造成的危害更大，处理周期也更长。

3.1.3　风险分类

饮用水水源地安全问题通常是指随着社会经济的发展和人口的增长，水源地出现了水质污染、水量短缺、水位下降、地面塌陷、工程损坏等一系列问题，由此影响到人体健康和社会稳定。由于人类活动和自然变化的影响，导致水源地水量减少，水质恶化，改变了水源地的动态平衡结构，使得水源地降低甚至丧失了正常的供水功能，不能满足人类对于饮用水的基本需求，危及人体健康。饮用水水源地安全的内涵涉及两个方面：一是水源地安全本身的自然属性，即水源地抵御外界干扰的能力，如地下水水源地含水层厚度、含水层介质和包气带、土壤类型等，都会影响外来物质在地下水中的去向；二是水源地安全外在的社会属性，即水源地受到人类活动的影响所做出的一些反应，如水质污染、水量短缺、海水入侵、水体富营养化等。总之，一个安全的饮用水水源地在一定的时间尺度内能够维持它的正常供水功能，也能够维持对胁迫的回复能力。换言之，安全饮用水水源地应该在具有持续供给能力的基础上具有足够的水量、安全的水质以及较强的环境承载能力，保障周边生态环境处于良好的状态，同时能够较大程度地满足人类安全饮用水的需要。

在综合饮用水水源地的自然属性和社会属性的基础上，将饮用水水源地安全风险分为水量安全风险、水质安全风险、生态环境安全风险、工程安全风险和管控安全风险。

1）水量安全风险

饮用水水源地水量安全风险主要来自洪水和旱灾。洪水致灾风险评估需考虑洪水流量、受淹面积和影响人口三个方面，对由水灾孕灾环境、致灾因子和承灾体共同组成的"水灾系统"进行评估，水灾风险以孕灾环境指数、致灾因子风险指数和承灾体潜在易损性风险指数来评估。一般将暴雨风险指数与下垫面风险指数的算术平均值作为孕灾环境风险指数；以每年发生的水灾次数作为致灾因子风险指数来表征城市致灾因子的风险性；以受水区作为承灾体潜在易损性风险指数来表征承灾体的脆弱性。干旱灾害与洪涝灾害不同。在一次洪涝灾害发生时，一般通过实际观测可以给出具体的洪水流量、淹没范围等指标，并据此评估洪涝灾害的程度。但干旱是与缺水这样的小极值事件有关，很难算出一次干旱的具体取水量，因此，干旱风险可从需水状况和自然条件两个方面衡量，即从饮用水的供需关系出发进行评估。

2）水质安全风险

饮用水水源地水质安全风险主要是指在特定时空环境条件下，因自然环境变化或人类活动影响导致水源地水体污染或水质恶化，从而影响水源地水体正常使用价值的存在状态。通常可分为突发性水质安全风险和非突发性水质安全风险两类：突发性水质安全风险是指由于违规排放、生产事故等突发性污染事件造成的水体污染，具有极强的不可预测性和破坏性；非突发性水质安全风险是指由于水体中污染物的不断积累，排入水体的污染物在一定程度上超过了环境容量，导致水体水质恶化，具有一定的积累性和潜伏性，短时期内造成的破坏或影响相对较小。饮用水水源地水质安全风险主要来自微生物病原体和化学物质，可分为一般污染物、非一般污染物、富营养状况等。

3）生态环境安全风险

饮用水水源地生态环境安全风险主要是指饮用水水源地所处的生态环境因自然衰竭、资源生存率下降、环境污染和退化，给饮用水水源地造成短期灾害或长期不利影响，不能够满足正常的供水需求，甚至危及人类生存和发展的可能性。从客观方面来看，指的是饮用水水源地生态环境遭受损害的可能性；从主观方面来看，指的是人类对饮用水水源地生态环境危害发生的可能性以及危害后果严重程度的认识。

4）工程安全风险

饮用水水源地工程安全风险主要是指饮用水水源地建筑物因自然灾害、人为破坏等发生整体性破坏或局部破坏，导致耐久性变弱、可靠性降低，造成饮用水水源地功能丧失或受损的可能性。饮用水水源地工程安全风险主要来自阻水建筑物、泄水建筑物和取水建筑物。取水建筑物和泄水建筑物往往依托阻水建筑物而建，一旦阻水建筑物发生破坏或损坏，取水建筑物和泄水建筑物也会出现破坏或者无水可引（泄）的失效现象。因此，三类建筑物安全风险之间具有一定的关联性。

5）管控安全风险

饮用水水源地管控安全风险主要是指饮用水水源地管控部门因专业技术水平限制、运行资金短缺、保护区划分不合理、法规条例执行力度不够、应急监测系统不完善等，给饮用水水源地安全管控形成短期或长期影响，在一定程度上影响饮用水水源地正常运行的可能性。

3.1.4　风险等级

通常情况下，风险等级的划分，首先基于综合风险值，依据一定的分类标准分为高、中、低三类或极高、高、中、低、极低五类。其次按照可能造成的破坏和损失分为可接受风险和不可接受风险，如图 3 - 1 所示。同时，将经常性和多发性的威胁带来的风险归为持续性风险，突发性和少发性的威胁带来的风险归为突发性风险。依据超越概率 - 损失曲线的形态，以及其他风险分级标准确定划分依据，如果超越概率 - 损失曲线在某点处发生显著转折，则可将该点作为突发性风险和持续性风险的分界点。

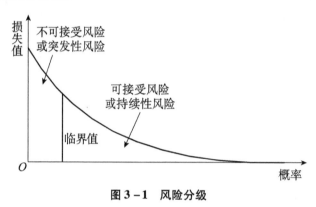

图 3 - 1　风险分级

饮用水水源地安全风险包括水量安全风险、水质安全风险、生态环境安全风险、工程安全风险和管控安全风险等众多安全风险，各个风险的传播途径不同，风险作用对象与后果也不同，因此，要针对饮用水水源地安全风险，综合上述各类安全风险，进行饮用水水源地安全风险等级划分。

《国家突发公共事件总体应急预案》中关于预警级别的分级，将突发公共事件划分为Ⅰ级（特别严重）、Ⅱ级（严重）、Ⅲ级（较重）、Ⅳ级（一般）四个等级；《国家突发环境事件应急预案》中关于应急响应的分级，将应急响应设定为Ⅰ级（特别重大）、Ⅱ级（重大）、Ⅲ级（较大）、Ⅳ级（一般）四个等级。参考《国家突发公共事件总体应急预案》（国发〔2015〕11 号）和《国家突发环境事件应急预案》（国办函〔2014〕119 号）中的等级划分，本书将饮用水水源地安全风险等级划分为Ⅰ级（特别严重）、Ⅱ级（严重）、Ⅲ级（较重）、Ⅳ级（一般）四个等级。

对于单个饮用水水源地的安全风险管控来说，风险评估结果是进行风险管控、制定应急预案及应对措施的重要技术支撑，因此，需要对各项可能发生的风险事件进行风险评估，最终按照风险等级的高低，对可能发生的风险事件进行排序，并确定饮用水水源地的安全风险等级。

3.2　饮用水水源地安全风险管控框架构建原则

3.2.1　主客观相结合原则

风险的存在是客观的，"人类历史也可以说是与风险的斗争史"，从本质上来讲，未来是不确定的，而风险是决策活动对未来做出判断时产生的。因此，风险总是存在的，如果不能主动承担风险，必将被动面临风险。随着饮用水水源地的内生变量和外生变量的日趋复杂和变化多端，需要以更公开、更专业的形式来识别、评估和处理分配存在的风险。同时也需要以新的视角和新的意识来积极主动地认识风险、防范风险，而且风险的大小也是与每个风险承担者（归根到底是工程管理者）的风险偏好有关。因此，风险并不可怕，可怕的是不承认风险的存在和对风险的正确处理方式。

3.2.2　经济性原则

在某种程度上，风险管控是从风险中寻找机会，开展风险管控的目的不在于消除风险，而是要提供更多的风险决策信息和风险控制方案，最大程度地降低风险带给饮用水水源地安全的不确定性。饮用水水源地任何时候都充满了风险，风险和效益是并存的，要想获得预期的效益，就要有承担一定风险的能力。风险管控水平是衡量调水工程管理单位能力的重要标准，而风险应付能力则是判断水源地生命力的重要依据。但同时，风险管控要考虑成本问题，在制订风险管控计划，权衡工程运行与建设总成本的同时，要以最经济、最合理的处置方式把控制损失的费用降到最低，以尽可能低的费用保障饮用水水源地的安全。

3.2.3　满意性原则

不管采用什么方式、投入多少资源，水源地风险的不确定性是绝对的。所以，在风险管控中，要遵从满意性原则，允许一定的不确定性，才是科学的、客观的。风险管控目标与预期的项目目标相关，风险管控的策略和保障水源地安全目标的策略相关，而不合适的目标本身就是一种风险源。水源地的风险不是孤立的，所以应该以满意性目标为导向来进行风险管控，以系统的观念来全局考虑饮用水水源地的风险因素，而片面、一时地解决某一局部或某一时段的风险都不可能达到预想的风险管控效果。

3.2.4　科学性原则

科学性原则要求风险管控者在战略上藐视风险而在战术上重视风险，要以科学的态度识别风险、处理风险。对于一些风险较大的项目，不要因其风险大而产生恐惧心理，这样只会使整个团队的士气受到影响，从而导致项目不能有序进行。理论上能排除由于缺乏知识或交流不畅造成的风险，因为这些属于经济学上的内生变量，但是需要考虑排除的代价。既不能容忍为了技术而引入技术，也不能容忍仅靠拍脑袋、凭经验行事。所以，虽然水源地的风险性难以回避，但一定要在战略上藐视它。同时，无法阻止源于气候（水文）、生态环境或工程等的风险，因为这些属于经济学上的外生变量，但是不能听之任之，可以通过预先设计备选方案规避其中不可接受的风险。当然，在整个风险管控过程中，都应该提高警惕，认真对待。风险既是客观的也是主观的，风险管控既是科学也是艺术，需要用高度理性的近现代数学知识建模求解，同时也需要借助心理学知识诱导风险根源。我们一方面希望得到更多的量化答案，另一方面又不得不以均衡的艺术解决冲突问题，所以忽视或过于强调哪一个方面都是不恰当的。

3.3 饮用水水源地安全风险管控框架构建思想

饮用水水源地安全风险管控涉及诸多学科，不同管控框架的构建需要探寻更加合理、科学和高效的方法和手段来完成，同时要有系统、动态、集成、协作等理论和技术支撑才能保证饮用水水源地安全风险管控的正常运行。因此，饮用水水源地安全风险管控框架的构建要兼顾以下思想。

3.3.1 系统思想

系统是指为实现一定目标而存在的，由若干相互联系、相互依赖和相互作用的部分结合而成的有机整体。在饮用水水源地安全风险管控过程中，运用系统论的方法，就是指在进行饮用水水源地安全风险管控时应从整体考虑，即把与饮用水水源地安全问题有关的所有因素综合起来，全盘考虑。在解决饮用水水源地安全问题时，首先要研究组成饮用水水源地系统各部分的本质，其次是分析系统内各部分之间的关系以及整个系统的目标。饮用水水源地安全风险管控是在系统论思想指导下，把饮用水水源地系统作为一项工程来处置，通过分析、判断、推理等程序，建立饮用水水源地安全风险评估模型，然后运用数学工具给出定量化的最优结果，使饮用水水源地系统的各部分互相协调、互相配合，以获得技术上最先进、经济上最合算、时间上最节省的整体最优效果。可以把饮用水水源地安全供水的目标看做由一系列运行变量构造的函数，这些变量包括投入资源的成本和数量以及外部环境因素等。

3.3.2 动态思想

一般来说，饮用水水源地风险的特征总是随着时间的推移而不断变化，呈现出一定的不确定性，开展持续风险管控时要考虑其适应性、动态性和开放性。如果饮用水水源地安全风险变量能够预先进行很好的识别和描述，并且在过程中基本保持不变，那就可能估计结果函数的风险变量。然而，并非所有的风险变量都是可以识别的，在饮用水水源地发挥其功能的生命周期内会出现新的变量或它们出现的概率会随时间的推移而改变，变量对饮用水水源地安全的影响也会随着它们出现的概率的改变而改变，这种错综复杂的局面使得饮用水水源地的风险管控变得尤为困难。因此，需要不断检测变量，重新评估目标函数，采取行动并适时调整调度战略。随着时间的推移，有些饮用水水源地安全风险得到控制，而有些风险会在发生的过程中得到处理，而同时在运行的每一阶段都可能产生新的风险，这种风险在质和量上不断发生新变化的可变性，提醒我们对饮用水水源地安全风险除了要从系统的角度来进行管理外，还要以动态的思维方式进行跟踪和分析，在水源地复杂和不确定的背景条件下，不断收集、整理和识别运行变量及其衍生的信息，实施动态的风险管控。

3.3.3　集成思想

风险集成化管控是饮用水水源地管控发展的必然结果，也是信息技术带来的天然契机。随着社会环境的持续多变，供水需水关系呈现多元化，使得水源地运转的不确定性日益增加，孤立的分散化的风险管控方式已经不能满足水源地安全运转的新要求。因此，应从集成的角度来对饮用水水源地安全风险进行实时动态管控，以达到信息的无缝连接，避免由于信息孤岛而导致的信息屏障和信息失真。集成思想主要表现在三个方面：①知识集成。把各种科学理论和人类知识结合起来，打破传统的孤立、隔离、分散和阶段式过程管控模式，在饮用水水源地风险管控的时间维和要素维对其进行运转的全寿命周期集成和管控要素集成，对水源地整体管控组织形式进行协调。②信息集成。利用计算机技术、数据挖掘和数据仓库技术、网络技术和特征映射理论，建立内部集成信息系统，对水源地运转的风险信息进行无缝集成管控。③动态集成。运用集成方法对饮用水水源地进行动态和综合管控。

3.3.4　协调思想

风险管控不应该作为饮用水水源地管控的一个附件，各项风险管控活动应该形成一个有机的整体，各部分之间相互依托、相互补充。为实现饮用水水源地安全供水的总体效果，不仅要求在各个层次上保持协调一致，还应该在方法、技术和工具层面上保持连续性。饮用水水源地安全风险管控目标本质上与饮用水水源地正常运转的管控目标是一致的，后者是以怎样才能高效为出发点，而前者是以怎样才不会失败为出发点，两者并无相互矛盾。要实现二者的紧密结合，一是要充分利用现有的饮用水水源地管控资源，降低饮用水水源地安全风险管控的成本；二是要减少与水源地周边其他工程管控活动的冲突。

3.4　饮用水水源地安全风险管控体系构建

3.4.1　安全风险管控的阶段性特征

随着系统科学的不断发展，现代工程管控强调对工程寿命周期的管控和控制。

这是由于在工程建设阶段、工程运行阶段、工程报废更新阶段等不同阶段往往包括很多方面的参与者,各自目标和利益不同,实行工程系统全寿命周期的综合管控有助于很好地规划和协调不同方面的关系,保证工程系统的正常、高效运转。当前,工程寿命周期理论是根据系统论、控制论和决策论的基本原理,结合工程管控的目标和实际经营状况,分析和研究工程寿命周期内的技术和经济方面的问题。风险管控体系结构图如图 3 - 2 所示。

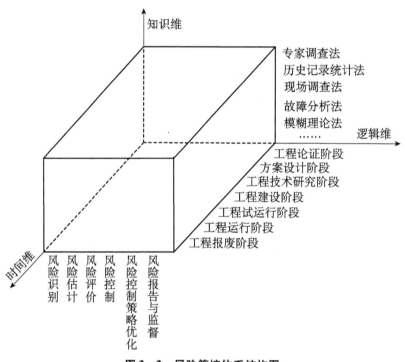

图 3 - 2　风险管控体系结构图

水源地风险管控是一个识别、评估风险,并制定选择和实施风险处理方案的过程,也是一个系统、完整的过程。课题从时间维、知识维和逻辑维三个角度构建风险管控体系。与工程风险管控类似,也就是从工程寿命周期理论这个基本前提出发,对影响过程的各类风险因素进行分析、评估和控制。由于水源地风险具有阶段性,所以每个阶段的具体目标也就不尽一致。但是从总体来看,水源地风险管控目标的确定必须与水源地管控者等风险主体的目标一致,即不同阶段的水源地风险管控目标要和同时期水源地风险管控总体目标一致。

3.4.2　风险管控体系

我们将水源地风险(R)的定义简述为:事故发生的概率(P)与事故后果(L)之积,即:$R = P \times L$。总的来说,风险管控具有很强的系统性,主要包括的步骤有:风险对象分析、风险因子识别、风险机理分析、风险发生的可能性分析、风险发生后的后果分析、风险控制及风险预案制定等。水源地风险管控体系图如图 3 - 3 所示。

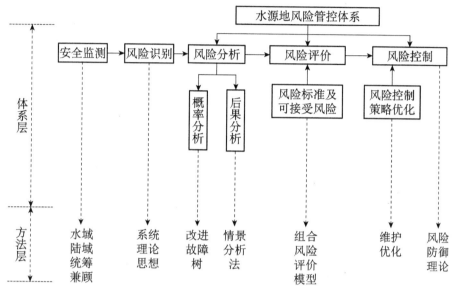

图 3 - 3　水源地风险管控体系图

3.4.3　风险管控的过程

风险管控的类型很多，但是每一种风险管控的过程也是基本上类似的，使用一个风险管控的过程示意图来表示水源地风险管控的一般性过程，如图 3 - 4 所示。

从图 3 - 4 可以看出：

第一阶段是确认风险的存在，也就是识别风险。它是风险管控的第一步。必须用系统科学的方法来识别各种风险，强调识别的全面性。不论是关于安全方面的还是经济方面的，都要对客观存在的、尚未发生的潜在风险加以识别，需要进行周密系统的调查分析、综合归类，揭示潜在的风险及其性质等。

第二阶段是对识别出来的潜在风险进行衡量，对每一种风险发生的可能性及损失的范围与程度进行估计和衡量。衡量风险通常是运用概率论和数理统计方法对损失频率和损失严重程度的资料进行科学的风险分析。但全部依靠数量方法进行风险管控还存在很多有待完善的地方，还需要借助其他手段共同进行潜在风险的衡量，例如依靠水源地管理人员、水文计算领域和环境影响分析等领域的专家、受水者（利益相关方）等的直觉判断和经验等。

第三阶段是在前面两个阶段结果的基础上进行风险管控策略的选择。风险管控策略主要分为财务类的处理策略和非财务类的处理策略两大类。财务类的处理策略主要包括获得收益所必须提前储备的风险补偿金，以及为了分散风险而使用的保险费用等，这主要是损失发生后的财务处理和经济补偿措施。非财务类的处

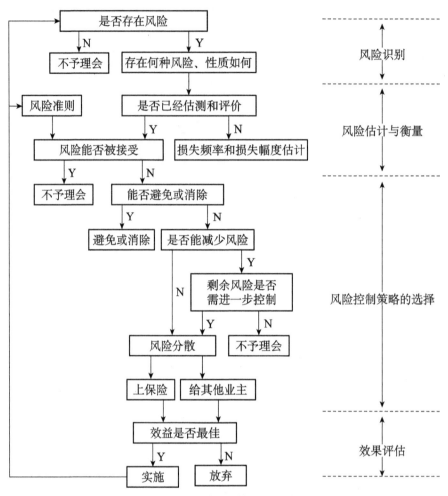

图 3-4　水源地风险管控一般性过程

理策略主要包括政府法令、调水工程运行管控规章、法律合同、技术措施等用以降低或避免风险的措施，力图在损失发生前达到控制或消除损失的措施。

第四阶段是在前面三个阶段的行动结束之后，对行动的效果进行评估。通过对风险管控决策的结果评估可以对风险管控行为进行总结，并为下一次风险管控措施的选择提供反馈意见，为风险管控过程不断修正、寻优提供依据。通过效果评估能协调风险管控各个阶段的行为措施，使之互相配合，以便最大程度地接近或达到风险管控的目标。

根据饮用水水源地的特点，确定了风险管控流程，如图 3-5 所示。从图 3-5 可以看出：对于对单个水源地保护区内存在的风险源，可以通过采取行政措施将其直接排除，以降低该水源地的风险。例如，在水源地的一级保护区内存在的采砂场是该水源地的一个重要风险因子，根据国家相关规定，可以通过采取行政措施，强制勒令其关闭，从而直接将该风险因子清理排除。

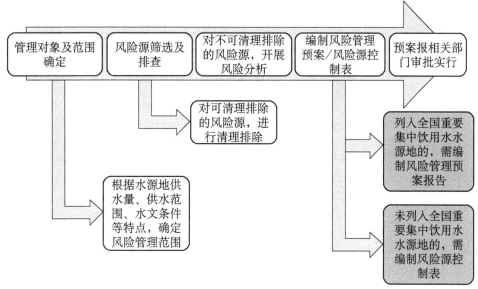

图 3 - 5　饮用水水源地风险管控流程

3.4.4　风险控制的程序

风险控制就是在风险分析和风险评估的分析结果基础之上，对于不可容忍的风险，深入系统地进行原因分析，通过制定和实施管理措施、策略性方法和技术性方法等三大类控制计划，将风险降低到可接受水平的过程。饮用水水源地风险控制过程主要分为四个阶段。

第一阶段：在风险评估的结果基础上，在三大类控制方法中选择适当的控制方法来制定风险控制措施。

第二阶段：风险控制方案草案由各相应风险评估小组（也可委托相关科研人员、专家等）进行评审；各级管理部门组织有关人员对风险控制措施进行再次评估，并进行可行性论证，在确认实施部门能按措施要求实施的基础上实施风险控制方案。

第三阶段：对复杂的风险控制方案的实施过程和结果实行绩效监视和测量。若效果未能达到要求，应重新制定风险控制方案；如果能够达到要求，则将此种控制方案列入水源地管理内部的风险控制体系。

第四阶段：更新危害及风险信息。通过评审确定是否需要更新危害及风险信息，使水源地管理部门随时掌握整个系统的风险状况。

饮用水水源地风险控制过程示意图如图 3 - 6 所示。

3.4.5　风险管控框架

过去风险管控的目标强调的是控制带来损失的风险，其后果要么为零，要么为负。在现代风险管控框架中，风险管控对象不仅仅是损失的造成或分配，也可

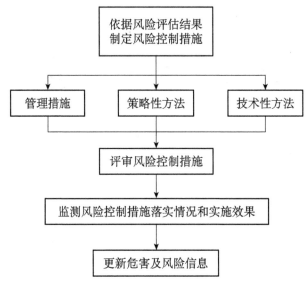

图 3-6　饮用水水源地风险控制过程示意图

能是收益的创造与分配；风险管控的目标不是纯粹追求风险最小化，而是寻求风险与收益的最佳平衡点。

水源地风险管控包含八个相互关联的要素，这些要素来源于水源地管控层管控水源地的方法，并与管控过程合成一个整体。这些要素包括：

（1）内部环境。内部环境包含了组织风格，它确定了组织人员如何看待和处理风险，是其他要素的基础。内部环境包括风险管控哲学、风险偏好、诚实度和道德价值观、组织结构、胜任能力、人力资源政策与实务、权责分配。

（2）目标设定。在管控层辨别影响其目标实现的潜在事项之前，必须有目标。调水运行风险管控要求管控层设定目标，选择的目标需要能够支持组织的使命并与组织使命相一致，并与其风险偏好相一致。

（3）事项识别。即识别那些影响组织目标实现的内外部事项，并区分为风险和机会。机会将被考虑进管控层的战略或目标设定过程中。

（4）风险评估。必须对风险加以分析，考虑其发生的可能性以及影响，并作为确定这些风险应如何加以管控的基础。应当对固有风险和残存风险加以评估。

（5）风险应对。管控层应在不同风险应对（包括回避、接受、降低、分担）中做出选择，从而采取一系列与组织的风险容忍度和风险偏好相一致的行动。

（6）控制活动。应建立相关的政策和程序，以确保风险应对策略得到有效执行。控制活动通常包括两个要素：确定应从事何种活动的政策，执行政策的程序。

（7）信息与沟通。应当按照特定的格式和时间框架来识别、捕捉相关信息并加以传递沟通，从而使人们可以履行其职责。有效的沟通存在于较广泛的意义上，包括向下、向上以及不同部门之间的沟通。

（8）监控。整个水源地风险管控都应当加以监控并根据需要做出调整。监督可以通过持续性的管控活动、单独评估或者二者同时进行来实现。

对于这八个要素，水源地风险管控不是一个严格的序列过程，即一个要素不仅影响下一个要素，而且是一个多方向的、相互影响的过程，任何要素都可以影响其他的要素。

然而，由于水源地外部环境的复杂性，风险问题出现的随机性，风险后果控制的不稳定性以及一些非市场信号的体制因素干扰，使水源地风险管控不断面临新的挑战。伴随着经济技术的进步以及水源地周边环境的复杂化，构建全面风险管控体系，已经成为完善水源地未来运行时内部控制制度和治理机制的重要内容。风险管控框架又叫风险模型，是用来反映风险管控过程和内容的程序图。水源地的风险源存在于多个不同的方面，目前归类为水量、水质和工程三个方面。通过这三个方面的风险进行分析，提出要求；然后进行识别与评估，辨识和量化水源地风险，得出一个明确规定的判定分类框架；最后进行风险处理，实施一系列管控措施，以减轻或消除风险所带来的不期望后果。饮用水水源地风险管控框架如图 3 - 7 所示。

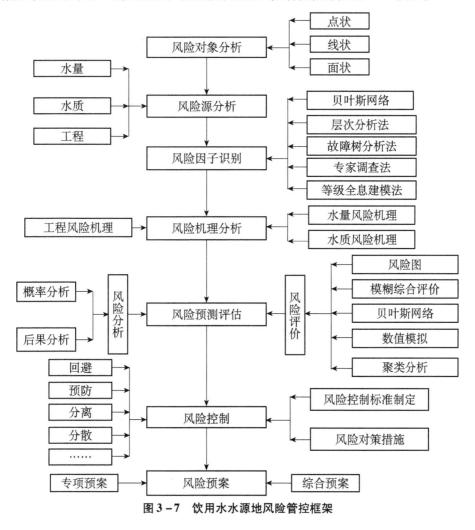

图 3 - 7　饮用水水源地风险管控框架

第4章 河道型饮用水水源地安全风险因子识别与机理分析

河道型饮用水水源地作为饮用水水源地的一种重要类别，是本书研究的主要对象。河道型饮用水水源地是一个开放、复杂、敏感、脆弱的系统，其主要功能就是通过取用河道内满足饮用水水源地水量水质要求的水体，供给人类使用，同时保证取水的连续性和可靠性。因此，评估河道型饮用水水源地安全风险，首先要了解河道型饮用水水源地系统的构成、功能和运行过程，分析其面临的主要问题；其次要了解河道型饮用水水源地系统面临的安全风险因子的构成，分析其主要作用机理；最后才能对河道型饮用水水源地安全风险进行评估。

4.1 河道型饮用水水源地系统结构组成

河道型饮用水水源地系统主要由河道水体、取水建筑物、饮用水水源保护区、控制与管理系统四个部分构成：河道水体是整个河道型饮用水水源地必不可少的部分；取水建筑物是指从河流取水的泵站、进水闸等水工建筑物；饮用水水源保护区是指针对河道型饮用水水源地划分的一、二级保护区（如图4-1所示）；控制与管理系统主要是指河道型饮用水水源地运行控制系统。只有这四个部分协同安全运行，河道型饮用水水源地才能安全正常运行。

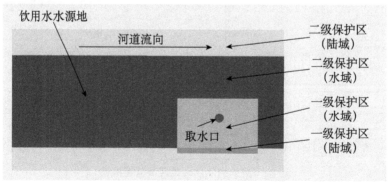

图4-1 河道型饮用水水源保护区示意图

4.1.1 河道水体

河道水体是整个河道型饮用水水源地的主体，必须满足一定的水质要求和水量保障程度，其中河道型饮用水水源地水体的水量安全与水质安全是其最核心的内容，而水质安全尤为重要。水质安全是指饮用水水源地水体质量各项指标在特定时空环境条件下均满足国家规定的取水水质的要求，其内涵表现在两个方面：一是作为饮用水水源，其水质标准必须满足《地表水环境质量标准》（GB 3838—2002）中规定的Ⅲ类水及以上标准要求；二是要尽可能地降低水源地水质安全事件对水源地安全供水构成的威胁。水量安全是指饮用水水源地具有一定的蓄水量，能够满足人类社会可持续取水的要求，供水保证率要达到95%以上。其内涵也表现在两个方面：一是饮用水水源地要有一定的满足现状取水要求的蓄水量；二是饮用水水源地来水和取水之间比例协调，即来水量和取水量相当或来水大于取水，尽可能地降低水量安全风险，以保证取水的可持续性。

4.1.2 取水建筑物

取水建筑物是从河流、水库、湖泊、地下水等水源取水的水工建筑物，包括进水闸、取（引）水隧洞、坝下取水涵管、坝身取（引）水管、取水泵站等，又称进水建筑物。地表水取水建筑物通常分为固定式和移动式两大类：固定式取水建筑物位置固定不变，安全可靠，应用较为广泛，常见的有江心进水头式、江心桥墩式、岸边式、底栏栅式四种；移动式取水建筑物可随水位升降，施工简单，但安全性较差，主要有浮船式和缆车式两种。

河道型饮用水水源地的取水建筑物主要有江心进水头式、岸边式、底栏栅式、浮船式和缆车式等几种，江心桥墩式常用于湖库型饮用水水源地取水。取水建筑物的正常安全运行是饮用水水源地提供可靠水量的重要保证，其运行故障可能引发用水区域缺水和水质风险。因此，要尽可能地降低取水建筑物工程安全风险，以保障饮用水水源地的正常取水需求。

4.1.3 饮用水水源保护区

饮用水水源保护区是指国家为防治饮用水水源地污染和保证饮用水水源地环境质量而划定，并要求加以特殊保护，具有一定面积要求的水域和陆域。地表水饮用水水源保护区包括满足一定面积要求的水域和陆域。地下水饮用水水源保护区是指地下水饮用水水源地对应的满足一定面积要求的地表区域。饮用水水源保护区一般划分为一级保护区和二级保护区，必要时可增设准保护区。河道型饮用水水源地作为地表水饮用水水源地的一类，其饮用水水源保护区分为一般河道型饮用水水源地和潮汐河段饮用水水源地，具体划分原则参考《饮用水水源地保护区划分技术规范》（HJ/T 338—2007）。本书所针对的河道型饮用水水源地安全风险研究的区域主要为二级保护区内的水域和陆域范围，必要时可分析准保护区范围。

4.1.4 控制与管理系统

控制与管理系统主要是指水源地管理部门为水源地正常运行建设的控制与管理运行设备、基地、软件等。控制与管理系统出现安全问题主要包括控制系统失效或者故障和管理运行出现问题两方面。控制系统失效或者故障主要表现为系统设计故障、电力故障及人为操作故障引发饮用水水源地取水系统无法正常运行。管理运行出现问题主要源于日常管理和应急管理两类，如果管理系统本身存在缺陷，则易于出现管理混乱，引发管理安全事件。因此，管理系统的全面性、组织性、条理性及人员执行力等均是影响管理系统正常运行的关键。与此同时，应急管理系统的作用也不可忽视，应急管理系统是当常规饮用水水源地发生安全事故，为了缓解事故所造成后果而设计的，受到应急响应能力与媒体信息管理能力的影响。

4.2　河道型饮用水水源地安全风险因子识别

河道型饮用水水源地安全运行的前提是水源地水量和水质同时满足取水要求，并且有安全可靠的取水设施向水厂持续稳定地供水。根据 2.3.2 节，本书将河道型饮用水水源地安全风险分为水量安全风险、水质安全风险、生态安全风险、工程安全风险和管控安全风险 5 类，其与饮用水水源地系统结构的对应关系如图 4-2 所示。

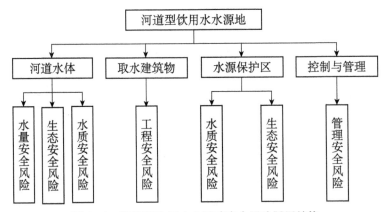

图 4-2　河道型饮用水水源地安全风险因子结构

4.2.1 水量安全风险因子识别

对于饮用水水源地来说，其必备要素是有足够的可持续供给的水量，并且供水保证率要达到95%，影响河道型饮用水水源地水量变化的主要原因有上游来水变化和区间需水变化。上游来水变化直接导致水源地水量变化。影响上游来水变化的主要因素包括降雨、蒸发、径流、下垫面、人类活动、上游用水量及外调水量变化等，其中降雨和蒸发是最重要的两个因素。区间需水变化主要包括下游需水量增大和水源地供水区用水增大，其中水源地供水区用水增大主要包括农业、工业、生活和生态等各类用水需求变大。本书采用故障树分析法对河道型饮用水水源地水量安全风险因子进行识别，其相应风险因子识别结果和故障树基本事件分别如图4-3和表4-1所示。

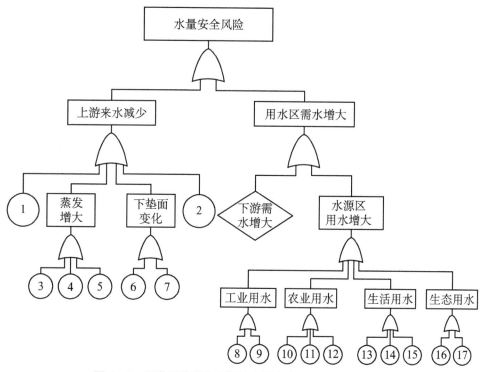

图4-3 河道型饮用水水源地水量安全风险因子识别结果

表4-1 河道型饮用水水源地水量安全风险因子识别故障树基本事件

序号	事件	序号	事件
1	降雨减少	10	耕地面积增加
2	外调水增加	11	水生农作物种植面积增加
3	气温升高	12	灌溉水利用效率变低
4	风速增大	13	人口增加
5	饱和水汽压差增大	14	地区建设规模扩大
6	绿地面积减少	15	人均生活用水定额增加
7	不透水面积增大	16	城市绿化面积增加
8	工业规模增大	17	河湖面积增加
9	高耗水行业增加		

4.2.2 水质安全风险因子识别

对于饮用水水源地来说，在满足基本的水量要求后，其水质也要达到国家规定的Ⅲ类及以上的标准。影响河道型饮用水水源地水质安全的因素众多，但其主要受上游来水水质、本地排水及诸多不确定性事件发生的影响。河道型饮用水水源地由于其河道水体流动能力较强，水质易受污染，但污染物也能在较短时间流过取水口，可以较快恢复取水。此外，由于河流沿岸污水排污口布局设置的问题，在河道型饮用水水源地内，取水口、排污口犬牙交错现象比较普遍。对于具有明显感潮特点的河流，取水口水质还会受到下游排污或咸潮等影响。同时，由于部分河流兼有航运等复合功能，有些功能与饮用水水源功能相矛盾，也会影响到水源地水质安全。

因此，本书将河道型饮用水水源地水质安全风险分为非突发性水质安全风险和突发性水质安全风险两大类。通常情况下，河道型饮用水水源地非突发性水质安全风险是指基于水源地及周边环境存在的大量复杂因素，致使有害物质即使是达标排放后经过长时间的积累仍存在着对水源地水质安全造成影响的可能性，往往会导致水体中某项检测指标（如 COD、氨氮、总磷等）不达标，影响因素主要包括水文条件变化、河流源头水质波动、污水的连续达标排放和非点源污染的积累等。本书采用故障树分析法对河道型饮用水水源地非突发性水质安全风险因子进行识别，相应风险因子识别结果和故障树基本事件分别如图4-4和表4-2所示。

河道型饮用水水源地突发性水质安全风险是指由于自然灾害、机械故障、人为因素及其他不确定因素引发的，致使有害物质通过各种途径进入水体，对水源地水质造成安全影响的可能性，影响因素主要包括自然灾害、核污染事件、恐怖袭击、船舶溢油、有毒化学品泄漏、污水非正常大量排放等。为避免这些突发性水质安全风险事件的发生，必须在潜在水质安全风险源转变成真正水质安全风险之前对其进行研究，对主要的突发性水质安全风险因子进行识别，从而采取有力的控制措施进行管理，降低其引起的损失。根据河道型饮用水水源地的特点以及周围的环境影响因素，本书主要针对船舶溢油、有毒化学品泄漏以及污水非正常大量排放等常见的河道型突发性水质安全风险事件进行分析研究，采用故障树分析法对每种突发事件进行风险因子识别。

1）船舶溢油事件

通常情况下，河道型饮用水水源地船舶溢油事件安全风险是指船舶在途经承担航运功能的河道型水源地附近河段时，由于种种原因出现事故性或操作性含油废水排放或油类泄漏事件发生，从而导致水源地水体不能满足正常的取水要求，影响因素主要包括河道环境、船舶故障和人为破坏等。船舶溢油事件以船舶发生溢油为顶事件，逐步分解直到不能分解的底事件为止，相应风险因子识别结果和故障树基本事件分别如图4-5和表4-3所示。

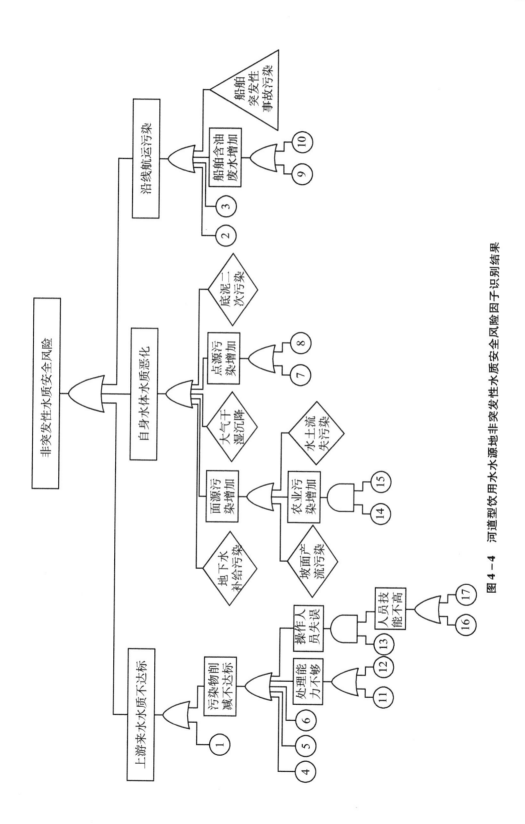

图 4 - 4   河道型饮用水水源地非突发性水质安全风险因子识别结果

表4-2 河道型饮用水水源地非突发性水质安全风险因子识别故障树基本事件

序号	事件	序号	事件
1	降雨减少	10	舱底少量含油污水非法排放
2	船运垃圾堆场污染	11	污水总量增加
3	船员生活污染	12	污水处理厂设计不合理
4	污水处理厂收纳污染物浓度增加	13	污水处理厂监督力度不够
5	污水处理厂处理设施老化	14	上游农田面积增加
6	污水处理厂处理工艺存在缺陷	15	养殖场污废水排放
7	工业溶剂使用过度	16	工作人员无最低上岗要求
8	工业污水排放增加	17	工作人员掌握专业知识不够
9	挂桨机船的自身缺陷		

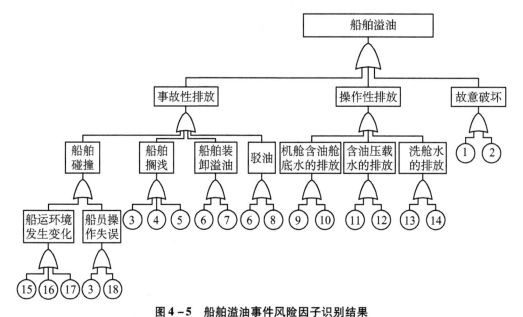

图4-5 船舶溢油事件风险因子识别结果

表4-3 船舶溢油事件风险因子识别故障树基本事件

序号	事件	序号	事件
1	船员蓄意破坏	10	含油舱底水的非法排放
2	其他人员蓄意破坏	11	船员违反运输操作要求
3	对河道环境不熟悉	12	船舶动力装置技术与管理要求存在缺陷
4	船员违规操作	13	操作人员素质不高
5	船舶出现故障	14	船员的管理水平不高
6	作业人员失误	15	河道能见度变小
7	装置密封不好	16	河道交通密度变大
8	输油管路出现故障	17	船舶的通信设备状况变差
9	机舱自身的缺陷	18	船员操作技能较低

2）有毒化学品泄漏事件

通常情况下，河道型饮用水水源地有毒化学品泄漏事件安全风险是指经过水源地附近的路段，有毒化学品在车辆运输或装卸过程中，由于种种原因引起有毒化学品泄漏事件发生，从而导致水源地水体不能满足正常的取水要求，影响因素主要包括交通流量密度、车辆故障和人为破坏等。有毒化学品泄漏事件以有毒化学品发生泄漏为顶事件，逐步分解直到不能分解的底事件为止，风险因子识别结果和故障树基本事件如图 4 - 6 和表 4 - 4 所示。

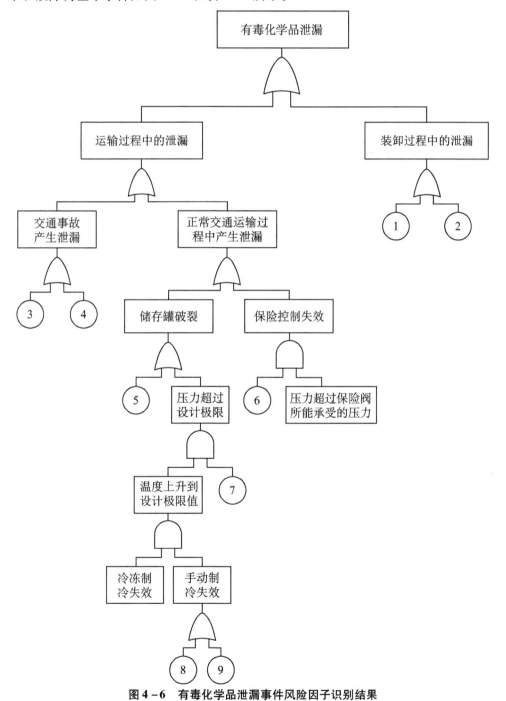

图 4 - 6　有毒化学品泄漏事件风险因子识别结果

表 4 - 4　有毒化学品泄漏事件风险因子识别故障树基本事件

序号	事件	序号	事件
1	作业人员失误	6	冷却系统失效
2	储存罐密封不好	7	安全阀不能开启
3	储存罐破裂，有毒化学品进入水体	8	水管堵塞
4	储存罐破裂，产生部分毒物，进入水体	9	操作者无反应
5	正常操作压力下储存罐破裂		

3）污水非正常大量排放事件

通常情况下，河道型饮用水水源地污水非正常大量排放事件安全风险是指在水源地取水口上下游的排污口瞬时大量排放污水或偷排未经处理的污水等，引起污水非正常大量排放事件发生，从而导致水源地水体不能满足正常的取水要求，影响因素主要包括排污口分布密度、污水处理厂运行情况、截污导流工程运行情况和人为破坏等。污水非正常排放事件以污水发生非正常排放为顶事件，逐步分解直到不能分解的底事件为止，风险因子识别结果和故障树基本事件如图 4 - 7 和表 4 - 5 所示。

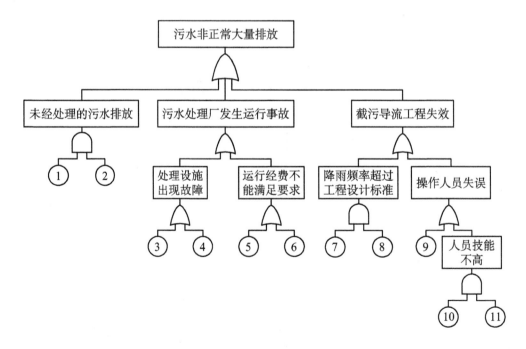

图 4 - 7　污水非正常大量排放事件风险因子识别结果

表 4-5　污水非正常大量排放事件风险因子识别故障树基本事件

序号	事件	序号	事件
1	污水增加	7	降雨频率变大
2	污水处理能力低	8	设计标准偏低
3	污水处理设施老化	9	监督力度不够
4	污水处理设备超负荷运行	10	操作人员缺乏培训
5	污水处理费用标准制定不合理	11	操作人员掌握相关知识不够
6	污水处理费用不能及时收取		

4.2.3　生态安全风险因子识别

饮用水水源地生态系统是一个复杂的系统，影响饮用水水源地生态安全的风险因素众多，各类因素相互联系、相互依赖、相互作用，不同风险因素所引起的后果的严重程度也不相同。河道型饮用水水源地生态安全风险因子识别就是在对水源地所在区域生态系统（包括上下游河流水体、河岸带等区域）全面调查的基础上进行综合分析，将引起水源地生态安全风险的复杂因素分解成易于被认识和分析的基本单元，从错综复杂的关系中找出各个风险因素间的本质联系，并且分析它们引起水源地生态环境发生退化或恶化的严重程度，从而确定影响河道型饮用水水源地安全的主要风险因子。影响河道型饮用水水源地生态系统发生变化的主要因素包括气候变化、土壤破坏、原生物生境破坏、生物多样性降低和自我修复能力下降等。本书采用故障树分析法对河道型饮用水水源地生态安全风险因子进行识别，风险因子识别结果和故障树基本事件如图 4-8 和表 4-6 所示。

4.2.4　工程安全风险因子识别

河道型饮用水水源地工程安全风险主要源于水源工程建筑物运行风险，表现为取水建筑物出现破坏或者失效，主要有两种形式：一种是整体性破坏风险，是最严重的一种失效方式，一般与重大灾害有关，如超标暴雨洪水和超强地质灾害等；另一种是局部变形风险，由于局部破坏或者功能受到影响而导致的建筑物耐久性变弱、可靠性降低，影响饮用水水源地的取水安全，一般分为取水工程局部受损和岸边工程局部受损。本书采用层次分析法对河道型饮用水水源地工程安全风险因子进行识别，风险因子识别结果如图 4-9 所示。

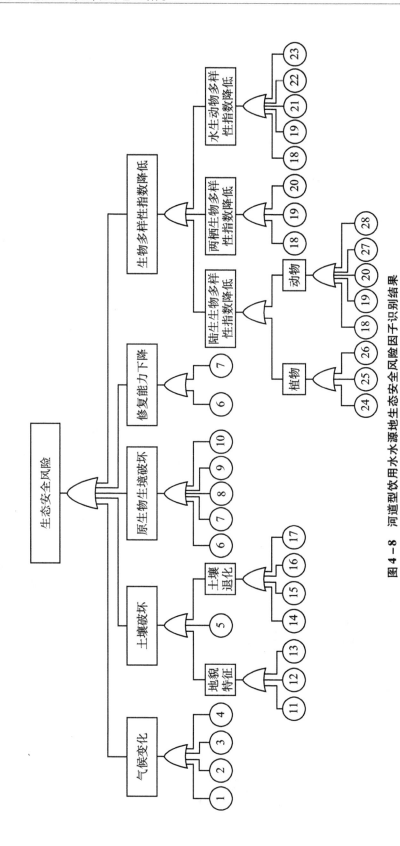

图 4 - 8 河道型饮用水水源地生态安全风险因子识别结果

表 4 - 6　河道型饮用水水源地生态安全风险因子识别故障树基本事件

序号	事件	序号	事件
1	降雨变化	15	土壤盐渍化
2	气温变化	16	土壤沼泽化
3	风速变化	17	水土流失
4	相对湿度变化	18	种群结构
5	土壤侵蚀	19	密度
6	流速变化	20	分布范围
7	流量变化	21	种群调节
8	河道渠化程度	22	洄游性鱼类
9	河道弯曲程度	23	渔业产量
10	河道护岸形式	24	植被覆盖率
11	土壤类型	25	植物丰富度
12	地面坡度	26	生物量
13	地面坡向	27	栖息地
14	土壤沙化	28	觅食地

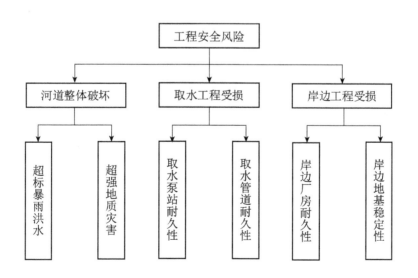

图 4 - 9　河道型饮用水水源地生态安全风险因子识别结果

4.2.5 管控安全风险因子识别

河道型饮用水水源地管控安全风险主要源于水源地运行系统控制与管控风险，主要表现为控制系统风险和管控系统风险。

1）控制系统风险

河道型饮用水水源地控制系统风险主要表现为系统设计故障、电力设备故障及人为操作故障引发水源地取水系统无法正常运行。本书采用故障树分析法对河道型饮用水水源地控制系统安全风险因子进行识别，风险因子识别结果如图 4-10 所示。

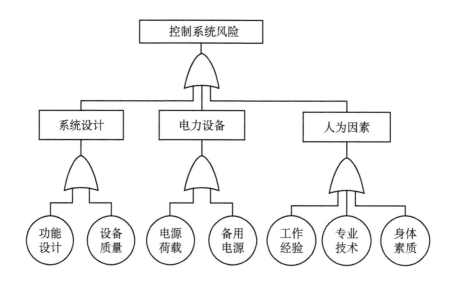

图 4-10 河道型饮用水水源地控制系统运行风险因子识别结果

2）管控系统风险

饮用水水源地安全事件发生后，会引起社会谣言或流言，从而引起大众的心理恐慌，社会正常秩序被破坏。社会正常秩序被破坏可分为生产停顿、经济衰退、交通瘫痪等次生事件。这些由饮用水水源地安全事件引起的次生事件、流言或谣言等社会问题，会引起大众心理恐慌的扩散和放大效应。此外，一个地区的社会正常秩序被破坏，也有可能引发其他地区或者相邻地区的突发事件。因此，管控系统风险也很重要。本书采用故障树分析法对河道型饮用水水源地管控系统安全风险因子进行识别，风险因子识别结果如图 4-11 所示。

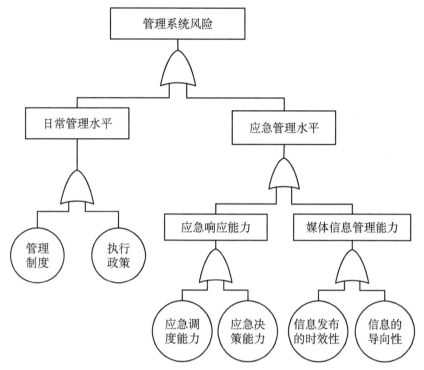

图 4-11　河道型饮用水水源地管控系统运行风险因子识别结果

4.3　河道型饮用水水源地安全风险机理分析

4.3.1　水量安全风险机理分析

从水量安全风险因子识别结果来看，影响水量安全的很多风险因子本身就是不确定的，其自身的不确定性又导致了水量安全风险的不确定性。河道来水主要源于上游来水和本地径流。上游来水主要受上游降水、蓄水和调水等因素影响；本地径流主要受本地降水、蒸散发、下垫面变化等因素影响。因此，本书主要从降水、蒸散发、下垫面变化和水源地供水用水量变化等自然因素和社会因素两方面出发，分析河道型饮用水水源地水量安全风险发生的作用机理。

（1）降水。降水是径流形成的首要环节，也是影响径流变化的最直接因素，并且降水的时空分布特征对一定范围内的径流有着很大的影响。在时间上，如部分地区降水主要集中在 6~9 月，这 4 个月的降水量一般占全年的 60% 以上，而在此期间的降水多形成暴雨洪水，短时间内河道里积攒的过多水量只能下泄到下游，很难拦蓄起来供人类取用；在空间上，根据平原、山地、丘陵等不同的地貌特征，降水空间分布具有显著的空间分异特征。

（2）蒸散发。蒸散发是大气循环的重要部分，影响河道水面蒸发的因素主要有气温、水面温度、水汽饱和差、风速等。气温尤其是水面温度为水分子运动提供能量来源，温度越高，水分子运动越活跃，从蒸发面跃入空气的水分子越多，蒸发量就越大。根据道尔顿定律，水的蒸发量与湿度饱和差成正比，即空气湿度饱和差越大，蒸发量就越大。除温度与饱和差以外，促进蒸发的主要因素还有空气的紊动等。

（3）下垫面变化。流域下垫面的变化对径流的影响作用较大，下垫面的变化会引起河道周边地面产汇流条件的变化，主要包括两种情况：一种是增加了地表径流的形成，如河道周边城市下垫面的扩大，随着不透水面积的增加，将大大提高径流的形成率；另一种是减少了地表径流的形成，如河道周边水土保持工程、雨水集蓄工程等逐步开展，大大减缓了地表径流的形成。

（4）水源地供水区用水量。水源地供水区用水量主要包括水源地周边供水区工业、农业、生活用水量。近年来，城市建设逐步加大了对生态环境的要求，城市生态环境用水量也在逐步变大。但一般来说，河道周边农业用水取水量最大，同时受自然和人为因素的影响上游农业用水量波动也最大。随着水源地供水区用水需求的增大，会导致水源地取水河段水量发生变化，饮用水水源地水量安全风险就会变大。

4.3.2　水质安全风险机理分析

1）非突发性水质安全风险机理分析

河道型饮用水水源地非突发性水质安全风险故障树的顶事件是某一水质指标不达标，即当水源地水质不能满足要求时，就会对饮用水水源地安全产生一定的影响。因此，本书主要从上游来水量减少、河道自身水体水质恶化、源头水质恶化、上游湖库水体富营养化、沿线航运污染等方面出发，分析河道型饮用水水源地非突发性水质安全风险发生的作用机理。

（1）上游来水量减少。假定进入河网的污水浓度是一定的，如果上游的来水量减少，河流的稀释净化作用就会减小，污染物的浓度相应增加，就会引起河道水源地水质的恶化，不能够满足饮用水取水的水质要求。而引起上游来水量减少的主要因素有降雨量减少和上游取水需求增加。

（2）河道自身水体水质恶化。在其他因素不变的情况下，河道自身水体水质不达标将会直接影响饮用水水源地的取水状况。引起河道水体水质不达标的原因主要有污水处理厂的削减不达标以及污水偷排事件的发生。污水处理厂削减不达标，排放的污水浓度不能满足出厂标准，直接排入河流就会影响其水质状况。另一个导致河流水体水质不达标的因素是污水偷排事件的发生，当污水偷排事件发生时，进入河道水体的污染物浓度就会增加，从而影响饮用水水源地的水质。

（3）源头水质恶化。源头水质恶化在一定程度上也会引起饮用水水源地的水质不达标。影响源头水质的因素有面源污染和点源污染两种。面源污染主要有农田污染及坡面产流污染，其中农田污染增加是主要因素。随着人口数量的增加，耕作面积不断扩大，化肥使用量过度增加，从而引起农田污染不断加重。坡面产流污染主要是由于在产流过程中所携带的灰尘或其他污染物导致的，或者是由于水土流失过程中携带的部分污染物进入源头引起水质恶化等。点源污染主要考虑工业污染。引起工业污染增加的主要原因是在工业生产过程中溶剂的使用增加以及工业污水的排放量增加。

（4）上游湖库水体富营养化。上游湖库水体出现富营养化同样会影响下游河道水体的水质，引起湖库水体富营养化的因素主要有湖库底泥污染、渔民生活污染以及湖区养殖污染增加。而湖区养殖量的增加和投饵污染的增加是导致湖区养殖污染增加的主要原因。

（5）沿线航运污染。部分河道承担着不同的航运功能，在航运过程中，船舶造成的污染同样是导致河道水体水质不达标的另一重要原因。航运污染主要包括航运垃圾的堆场污染、船舶含油废水的增加以及船舶突发事件的发生。船舶含油废水的排放主要由两个原因造成：一是挂桨机船本身的设计缺陷；二是船舱底部少量含油污水的非法排放。船舶突发事件属于突发性水质安全风险事故，本书将在以下的河道型饮用水水源地突发性水质安全风险机理分析中进行详细阐述。

2）突发性水质安全风险机理分析

根据河道型饮用水水源地突发性水质安全风险因子识别结果，本书主要针对船舶溢油事件、有毒化学品泄漏事件及污水非正常大量排放事件风险发生作用的机理进行分析。

（1）船舶溢油事件风险机理分析。船舶溢油事件的主要来源是事故性排放、操作性排放以及故意破坏三类。事故性排放主要有船舶发生碰撞、搁浅等严重事故时产生油类污染，以及在装卸或驳油过程中产生油类泄漏污染，原因是船舶在航行过程中周围环境发生了变化或者是船员在操作中产生失误，影响船舶运行的环境变化因素主要有能见度、交通密度和通信状况。操作性事故主要是指船舶在航行过程中，由于操作需要排放一部分机舱含油舱底水、含油压载水和洗舱水所引起的油类污染。故意破坏是指人为因素引起的油类污染，主要原因为人们环保意识薄弱、管理人员失职及报复心理等。船舶溢油事件发生会对水体水质造成一定污染，同时也会对河道生态环境产生一定影响，还会对水生生物的生存环境产生一定影响，常常会引起鱼虾类的大量死亡，如水体未经及时处理，被引入灌溉或被人类饮用，将会产生一定的累积效应，对人体的健康造成严重危害。

（2）有毒化学品泄漏事件风险机理分析。有毒化学品泄漏事件的主要形式有运输过程中储存罐发生故障导致有毒物质泄漏和装卸过程中发生有毒物质泄漏。装卸过程中发生有毒物质泄漏与船舶装卸过程中发生的原因几乎相同，只是污染物不同，故引起装卸过程中发生有毒物质泄漏的原因主要有人员操作失误及有毒化学品存储设备密封不好。为了保证有毒化学品储存罐不会发生泄漏，需要配备一个水循环冷却系统制冷，并有安全阀进行自动保护。引起储存罐发生泄漏的原因主要有储存罐破裂或被腐蚀以及安全阀保险控制失效。储存罐破裂主要是由储存罐老化和储存罐压力超过设计极限引起的。安全阀保险控制失效主要是由储存罐保险阀所承受的压力过大，导致冷却系统失效。有毒化学品泄漏事件发生会对河道及周边环境产生较大影响，其在水体中的稀释扩散问题比一般污染物的稀释扩散问题更加复杂，如未及时处理，可能会引起火灾、爆炸等二次事故，并且人们长时间暴露在这类环境中，会对身体产生巨大伤害，一旦流入水体而被人们饮用，则对社会稳定也会造成一定的威胁。

（3）污水非正常大量排放事件风险机理分析。污水非正常大量排放事件发生的主要原因有未经处理的污水大量排放、污水处理厂发生运行事故以及偷排大量污水事件发生三个方面。未经处理的污水大量排放主要是由污水量瞬时增大导致污水处理厂容量不能满足需求，以及部分企业为减少污水处理费用在某时段内将未经过处理的污水突然排入河道中，从而污染河道水质。污水处理厂发生运行事故主要是由污水处理设施出现故障以及运行经费不能满足需求引起的，运行经费不能满足需求主要有运行费用制定不合理以及相关费用不能及时收取等引起的。偷排大量污水事件发生主要是由部分企业因环保意识不强烈以及一时利益需求等引起的。污水非正常大量排放事件发生会对水体中的水生生物造成危害，某些生物会中毒死亡，而耐污染类生物则会大量繁殖，从而打破河道水体中生物之间的平衡，同时水体中的溶解氧含量也会逐渐变低，从而影响水源地水体质量。

4.3.3 生态安全风险机理分析

从生态安全风险因子识别结果来看，影响生态安全的主要因素有气温气候的不利变化、原生物生境破坏、自我修复能力降低以及生物多样性降低等，本书分别对其风险机理进行分析。

（1）气候气温向不利方向变化。大面积的水体可能会引起局地气候的变化，水体增温或降温效应将导致区域不同时段平均气温有所变化，如1月份平均气温增高，7月份平均最低气温降低。水体影响气温的水平距离约为800m，最大影响高度为80~100m。由于冬季最低气温的增高，不利于辐射雾的形成，岸边冬雾日数将有所减少。而水体使河道周边相对湿度增加，影响人们的生活环境。同时水域增加引起风速增大，河道水体附近城市酸雨将向城郊扩散，水汽和雾的增加，也会使酸雨有所发展。总体来说，温度、湿度、风和雾的改变对河流生态系统有一定程度的负面影响。

（2）原生物生境破坏。由于河道周边人类活动增加，部分区域植被受损，动物栖息地受到影响，动植物的数量和种类发生了变化，部分生物生存环境受到威胁，河道岸边自然生态系统生产力降低，导致区域生态完整性受到一定损失。由于河道上下游水库大坝等水利工程的建设，河道水文情势发生变化，导致河道内部分生物生境被切割阻断,同时由于水陆生境的变化,可能会对区域物流、能流产生新的阻隔和风险。

(3)自我修复能力降低。河流生态系统结构的重要特征之一是具有一定的自我调控和自我修复功能。水体自我修复能力也是河流生态系统自我调控能力的一种,在外界干扰条件下,通过自我修复,能够保持水体的洁净。由于具有这种自我调控和自我修复能力,才使河流生态系统具有相对的稳定性。人类活动的影响,如工程的建设会改变河流的水动力特性,影响了河流中污染物的迁移、扩散和转化,导致水体纳污能力的降低,从而使河流生态系统的健康和稳定性受到不同程度的威胁。

(4)生物多样性降低。当饮用水水源地的生境异质性降低后,河流生态系统的结构与功能也会发生变化,其中生物群落多样性将会变低,从而引起河流生态系统退化。如河床材料的硬质化,切断或减少了地表水与地下水的有机联系通道,水生植物和湿生植物无法生长,使得两栖动物、鸟类及昆虫失去生存条件。而本来复杂的食物链(网)在某些关键物种和重要环节上断裂后,会对生物群落多样性产生严重的影响。

4.3.4　工程安全风险机理分析

从工程安全风险因子识别结果来看,影响河道型饮用水水源地工程安全风险的主要有自然因素和工程自身因素,如自然灾害、人为破坏、建筑物寿命等。本书主要从水源工程整体性破坏、局部变形和泵站损坏等方面出发,分析河道型饮用水水源地工程安全风险机理。

1)整体性破坏

整体性破坏主要指整个结构工程发生变形、移动、倾覆破坏等,或者局部结构发生较大的破坏而使得整个系统失效的现象。河道型饮用水水源地取水建筑整体性破坏的主要形式为基础破坏和失稳。

(1)基础破坏:主要表现形式有取水建筑物渗透破坏、地基液化。①渗透破坏常常发生在不同岩(土)性接触面位置,接触面受到渗流作用,最终引发渗透破坏而使取水建筑物工程失效。渗透变形主要与取水建筑物接触面性质有关。②近年来国内外地震活动较频繁,发生地震后受到动荷载作用,地基发生液化现象,稳定性降低,或者出现岸边滑坡,堤防出现整体溃决。地基液化主要影响因子是地震、地基岩性。

(2)失稳:主要表现形式有震毁、移动倾覆破坏。①发生大于V级强震时,刚性结构的泵站取水管道可能会出现贯穿性裂缝、错位等自身结构破坏,整体稳定性受到威胁,主要影响因子是地震、堤防结构。②对于刚性取水建筑物而言,当水流形成的推力大于自身重力或者结构剪力时,就会发生整体性倾翻或者移动而造成取水建筑物取水失效,主要影响因子是洪水、地震、堤防结构。

2）局部变形

局部变形主要指水源建筑物出现冻胀、局部质量变形等破坏形式，从而降低取水建筑物的稳定性，影响建筑物正常取水功能。

（1）冻胀破坏。冻胀破坏形式主要表现为两个方面：冻胀消融循环过程使得地基上升下沉交替出现，导致取水建筑物出现裂缝、脱节甚至倾覆等现象；建筑物存在先天微裂缝时，冻胀进一步加剧裂缝的发展。因此，引起冻胀破坏的条件主要包括：①水源建筑物材料的抗冻性；②项目地址是否位于可以引起冰情的亚热带、温带、寒带低温地区及温差情况，包括日较差与年较差。

（2）局部质量变形。局部质量变形是水源建筑物事故中最为普遍的现象之一，对于刚性结构，如混凝土、石料等材质的建筑物和金属设备，一般表现为裂缝、表面风化或者生锈、设备老化，进而降低结构的强度，留下安全隐患；对于柔性结构，如土性材质的土石坝、堤防等，局部缺陷往往表现为局部孔洞、裂缝或者塌陷。局部质量变形主要的风险因子为：基础处理不良、坝体材质缺陷、接触面设计不良、设备老化。

3）泵站损坏

泵站损坏主要是指取水泵站出现故障、取水管道出现损坏等，从而影响水源地的正常取水功能。

（1）取水泵站故障：①取水泵站的安全状况主要受水源地河道水位变化的影响，存在机组电机过载风险和泵站流量超过自来水厂实际处理能力的风险，前者会引发供水量短缺，后者会造成自来水厂水质事故。②泵站系统在运行过程中，其出水量的变化、水泵需要扬程的变化、电压的波动、水泵陈旧等均可使泵站系统提水效率发生变化，主要包括运行条件、设备质量、技术状况三个方面。

（2）取水管道损坏：参考局部质量变形。

4.3.5　管控安全风险机理分析

从管控安全风险因子识别结果来看，影响河道型饮用水水源地管控安全风险的主要有控制系统风险和管控系统风险，本书主要从系统设计故障、电力设备故障、人为因素及管理失误等方面出发，分析河道型饮用水水源地管控安全风险发生的作用机理。

（1）系统设计导致故障。控制系统源于人工设计与布置，系统自身设计及设备质量存在缺陷隐患，就可能引发系统故障。由于供水需求、来水条件、建筑物状态、自然因素、用水需求等具有较强的不确定性。因此，需要提前设计众多系统控制方案，控制系统设计如果不能智能识别各类因素的不同状态，则会出现控制系统安全事故，影响饮用水水源地的正常取水需求。

（2）电力设备故障引发系统无法正常运行。水源地取水控制系统需要依靠电能运行，电力设备故障是威胁饮用水水源地取水设备正常取水的重要因素。电网电压具有一定的波动，并且峰谷电压差距往往较大，遇到谷值电压时控制系统、电动设备运行功率降低，运行功效将可能达不到预期要求，一旦无法准确完成运行任务将会引起系统性风险。对于大型取水工程，往往有备用电源，备用电源建设情况也是决定控制系统能否正常安全运行的重要因素。

（3）人为因素导致系统故障。随着饮用水水源地取水运行自动化程度的提高，日常运行主要依靠自动控制，但部分特殊设备依旧需要人工控制。突发事故情况下，部分设备也会采取人工控制，如启闭机控制系统失灵后，就需要人工开启。虽然目前水源系统自动化程度很高，但主要还是在人工指令正确输入的基础上操作，上层指令还是必须依靠人工来完成，因此，一旦饮用水水源地相关负责人员没有意识到全局概况，人工指令输入不当或操作失误，将导致控制系统运行故障。

（4）管理失误导致系统故障。管理风险源于日常管理和应急管理。管理的作用是为维持系统正常运行，避免出现事故而设计相关管理制度、执行政策，如果管理系统本身存在缺陷，则易于出现管理混乱，引发饮用水水源地安全事故风险。因此，管理水平的高低对饮用水水源地的取水影响也很大。管理系统的全面性、组织性、条理性以及人员执行力等均是影响管理系统正常运行的关键。与此同时，应急管理系统的作用也不可忽视。应急管理系统是为缓解安全事故所造成后果而设计的，受到应急响应能力与媒体信息管理能力的影响。应急响应能力主要指在水量或水环境风险发生时，水源地管理部门能够尽快做出正确决策，保障正常取水进行水源调度的能力，主要风险因子为应急调度能力与应急决策能力；媒体的作用是将有关信息有效、正确地传递给人民群众，管理部门应积极掌握媒体的有益导向性，如险情发生时安抚社会大众心理，对流言或者谣言进行澄清等，主要风险因子有信息发布的时效性与导向性。如果应急管理系统缺失或者不完善，一旦出现险情，后果往往不堪设想。

4.3.6　风险因子关联机理分析

河道型饮用水水源地系统是一个开放、复杂的系统，风险因子众多，而这些风险因子之间存在着一定的相互诱发和放大的关系，这种情况的出现往往会加重影响饮用水水源地的安全。本书主要针对不同类型安全风险之间的单向影响及双向影响进行分析，各类风险关联示意图如图 4-12 所示。从图 4-12 中可以看出，水量安全风险处于核心位置，与其他各类风险关系密切，且相互影响。水量安全风险、水质安全风险、生态安全风险三者之间也存在着相互影响的关系，任何一类安全风险出现时，都会引起其他类安全风险的产生。

（1）水量安全风险与管控安全风险相互影响。管控安全风险诱发水量安全风险主要是指水源地控制系统发生故障，以及管理部门出现决策失误等，出现水源地取水设施不能正常运行或者管理失效，导致水源地水量不能满足正常的取水要求。水量安全风险诱发管理安全风险主要是指水源地水量不能满足取水要求时，

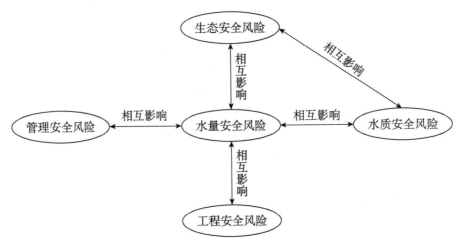

图 4 - 12 河道型饮用水水源地各类风险关联示意图

不能正常向社会供水，会引起社会恐慌，对管理部门造成一定的舆论压力，如应急处置不当，则会产生更加严重的社会后果。

（2）水量安全风险与生态安全风险相互影响。水量安全风险的发生，将会引起水源地生态系统部分功能的丧失，可能导致水源地生态系统安全状况受到破坏。水量安全风险诱发生态安全风险主要分为两个方面：一方面是极端暴雨洪水对河道及饮用水水源保护区的破坏，导致生物生境发生剧烈变化，水源地生态系统受损；另一方面是极端干旱带来的水源地水量急剧下降，导致河道干涸，一定时期内超出了水源地自我维持能力承受的极限，水源地生态系统会暂时发生不可逆的变化。生态安全风险诱发水量安全风险主要是指水源地生态环境受到破坏，当外界影响因素超过水源地生态自我修复能力时，会引起水源地暂停取水或选择性取水，导致水源地水量不能满足正常的取水要求。

（3）水量安全风险与水质安全风险相互影响。水量安全风险诱发水质安全风险主要分为两个方面：一方面是极端暴雨洪水带来大量泥沙颗粒和污染物质，导致河流水体水质瞬时恶化，不能满足正常的取水要求；另一方面是极端干旱造成水源地水量急剧下降，导致河流水体自净能力较弱，从而对河流水环境系统产生剧烈扰动，导致水源地水量水质不能满足正常的取水要求。水质安全风险诱发水量安全风险主要是指河道水体水质不能满足水源地水质目标要求时，会引起水源地暂停取水或选择性取水，导致水源地水量不能满足正常的取水要求。

（4）水量安全风险与工程安全风险相互影响。工程安全风险诱发水量安全风险主要是指河道型饮用水水源地岸边建筑坍塌或损坏，引起河道水体流失，不能达到正常的取水水位，导致水源地水量不能满足正常的取水需求。水量安全风险诱发工程安全风险主要是指极端暴雨洪水可能会引起水源地取水建筑物的损坏，引发工程安全风险。

　　（5）生态安全风险与水质安全风险相互影响。河道型饮用水水源地生态系统包含了河道内水生态系统与河道外陆域生态系统，当河道水体自我修复能力降低时，在一定程度上会影响水体水质，引发水质安全风险；当河道外陆域生态系统受损，水源地抵抗外界影响能力降低时，在一定程度上也会影响水体水质，引发水质安全风险。当河道水质安全风险发生时，如船舶溢油及有毒化学品泄漏，短时间内可能会引起物种消失，对水源地生态系统造成巨大破坏。

　　（6）水量安全风险、水质安全风险、生态安全风险三者之间相互影响。水源地生态系统包含了河道水体，而河道水体水量水质满足基本的取水要求则是水源地的首要条件，而水质与水量之间关系紧密，当水量或水质任意一项不能满足要求时，则表明水源地面临一定的水量或水质威胁，在一定程度上会对水源地生态系统产生影响。当水源地生态系统受到威胁时，河道水体将会受到最直接的影响，导致水源地水量或水质不能满足正常的取水要求。

第5章 河道型饮用水水源地安全风险评估模型

河道型饮用水水源地安全风险评估是在风险因子识别与作用机理分析的基础上，选择合适的计算方法，对不同类型的安全风险进行分析计算，建立5类安全风险的评估模型，最终通过风险率和风险后果计算，建立河道型饮用水水源地安全风险等级，对河道型饮用水水源地安全风险进行综合评估。

5.1 水量安全风险计算模型

根据河道型饮用水水源地安全风险因子识别和作用机理分析结果，水源地水量安全风险主要源于上游来水量减少和需水量增大风险。水量安全风险评估主要是评估这两种事件发生后导致水源地不能满足正常取水需求的概率，即在计算上游来水量减少风险发生的概率和区域需水量增大风险发生的概率基础上，分析来水量减少及需水量增大而不能满足供水要求的天数，计算河道型饮用水水源地水量安全综合风险。上游来水量减少风险计算主要是指通过河道径流量模拟预测不能满足水源地取水要求事件发生的概率。区域需水量增大风险计算主要是指通过分析水源区需水量变化情况，计算饮用水水源地不能满足水源地供水区需水要求事件发生的概率。

5.1.1 来水量减少风险计算

河道型饮用水水源地来水量减少风险计算主要是通过河道径流随机模拟，分析计算河道来水量减少风险。径流随机模拟的主要步骤是首先将水文资料标准正态化，然后选择合适模型，最后估计模型参数，即用有限个参数的某一特定函数关系（参数统计模型）来描述河道径流变化。本书针对河道型饮用水水源地径流随机模拟选取较为简化的月径流过程进行模拟，当数据资料充足时，可选用日径流资料进行模拟。由于参数统计模型存在一定不足，参考相关研究，本书采用基于核密度估计的非参数模型对河道型饮用水水源地的月径流过程进行随机模拟，分析计算来水量减少的风险。

1）核密度估计方法

核密度估计方法（Kernel Density Estimation）主要是在概率论中用来估计未知的密度函数，属于非参数检验方法之一，是由 Rosenblatt（1955 年）和 Emanuel Parzen（1962 年）提出的，又名 Parzen 窗（Parzen Window）。核密度估计方法在水文时间序列模型中的应用是由 Sharma 提出的，命名为非参数 p 阶马尔科夫径流模型 NP_p（Nonparametric Order p Markov Streamflow Model）。由于来水量减少风险分析计算只涉及流量一个变量，因此，本书应用核密度估计理论构造了一个单变量多阶核密度估计模型，该模型是基于数据驱动，不需对序列相依形式和模型结构进行识别的适用于时间序列随机模拟的非参数模型。

设 x_1，x_2，$\cdots$，x_n 是单变量 x 的一个样本，x 的概率密度函数为 $f(x)$ 的核密度估计定义为

$$\hat{f}(x) = \frac{1}{nh\hat{\sigma}} \sum_{i=1}^{n} K\left(\frac{x - x_i}{h\hat{\sigma}}\right) \tag{5-1}$$

式中：$K(\cdot)$ 为核函数，是一个给定的概率密度函数，即 $\int_{-\infty}^{+\infty} K(x)\mathrm{d}x = 1$；$\hat{\sigma}$ 为样本均方差；h 为带宽系数；n 为样本容量。若研究对象 X 为 d 维时，式（5-1）可扩展为多维核密度估计

$$\hat{f}(x) = \frac{1}{nh^d \det(S)^{\frac{1}{2}}} \sum_{i=1}^{n} K\left[\frac{(X - X_i)^{\mathrm{T}} S^{-1}(X - X_i)}{h^2}\right] \tag{5-2}$$

式中：$X = (X_1, X_2, \cdots, X_d)^{\mathrm{T}}$，$X_i = (X_{i1}, X_{i2}, \cdots, X_{id})^{\mathrm{T}}$（$i = 1, 2, \cdots, n$），$d$ 为向量 X 的维数；S 是 X 的 $d \times d$ 维对称样本协方差矩阵；其余符号意义同式（5-1）。

由式（5-1）可以看出，单变量核密度估计与样本、核函数 $K(\cdot)$ 和带宽系数 h 有关。当给定样本后，核密度估计的精度取决于核函数 $K(\cdot)$ 和带宽系数 h 的选取。当核函数 $K(\cdot)$ 固定时，若 h 选得过大，$\hat{f}(x)$ 对 $f(x)$ 有较大的平滑，使得 $f(x)$ 的某些特征被掩盖起来；若 h 选得过小，$\hat{f}(x)$ 会有较大的波动。当带宽系数 h 固定时，不同的核函数 $K(\cdot)$ 的选择对 $\hat{f}(x)$ 的影响不显著，故核函数 $K(\cdot)$ 的选择具有多样性。因此，在实际操作中，一般先选定满足一定条件的核函数 $K(\cdot)$，然后再寻求最优带宽系数 h。

由于核函数 $K(\cdot)$ 对 $\hat{f}(x)$ 的敏感性较小，只要满足一定条件的核函数都合适，该条件为：对称且 $\int K(t)\mathrm{d}t = 1$；光滑连续；一阶矩为零，方差有限。常用的核函数有三角核函数、双权重核函数、三权重核函数、Epanechnikov 核函数和高斯核函数等，如表 5-1 所示。

表 5 – 1 常用核函数表达式

核函数	表达式
三角核函数	$K(t) = (1 - \|t\|), \ \|t\| \le 1$
双权重核函数	$K(t) = \dfrac{15}{16}(1 - t^2)^2, \ \|t\| \le 1$
三权重核函数	$K(t) = \dfrac{35}{32}(1 - t^2)^3, \ \|t\| \le 1$
Epanechnikov 核函数	$K(t) = \dfrac{3}{4}(1 - t^2), \ \|t\| \le 1$
高斯核函数	$K(t) = \dfrac{1}{\sqrt{2\pi}} e^{-\frac{t^2}{2}}, \ -\infty \le t \le +\infty$

2）带宽系数的确定

通常情况，带宽系数 h 随着样本容量 n 的增大而减小，当 $n \to +\infty$，$h \to 0$。另外，h 的确定还要考虑数据的密集程度：在数据密集区，h 选得小一点；在数据分散区，h 选得大一点。目前，关于带宽系数的计算方法主要有参数参照法、极大似然交叉证实法和最小二乘交叉证实检验法等。本书采用基于最小化 MISE 准则计算最优带宽系数。

核密度估计 $\hat{f}(x)$ 的偏差和方差分别定义为

$$\text{Bias}\{\hat{f}(x)\} = E[\hat{f}(x)] - f(x) \tag{5-3}$$

$$\text{Var}\{\hat{f}(x)\} = E[\hat{f}(x)]^2 - \{E[\hat{f}(x)]\}^2 \tag{5-4}$$

记 $\mu_i = \int s^i K(s) \mathrm{d}s$ 为 K 的 i 阶矩，如果 $\mu_0 = 1$，$\mu_1 = \cdots = \mu_{k-1} = 0$，$\mu_k \ne 0$，则称函数 K 具有 k 阶。对任何平方可积函数 $g(\cdot)$，记 $R(g) = \int g^2 \mathrm{d}x$，选取具有阶数 $k = 2$ 的对称核展开，核密度估计的偏差和方差可写成

$$\text{Bias}\{\hat{f}(x)\} = \frac{h^2}{2} f''(x) \mu_2 + o(h^2), \quad h \to 0 \tag{5-5}$$

$$\text{Var}\{\hat{f}(x)\} = \frac{R(K)}{nh} f(x) + o\left(\frac{1}{nh}\right), \quad \frac{1}{nh} \to 0 \tag{5-6}$$

式（5-5）和式（5-6）表明，当 h 改变时，偏差项和方差项朝着不同的方向变化。h 过大时核密度估计曲线显得非常平坦，称为过平滑；h 过小时核密度估计曲线波动非常厉害，称为欠平滑。因此，需要通过 MSE（Mean Squared Error）准则、ISE（Integrated Squared Error）准则和 MISE（Mean Integrated Squared Error）准则来避免这两种极端情况的发生。其中 MISE 准则考虑了核密度估计的全局优劣性，显得更为合理，本书选用最小化 MISE 准则作为核密度估计优劣的标准。MISE

准则可写成

$$\mathrm{MISE}\{\hat{f}(x)\} = E\int\{\hat{f}(x) - f(x)\}^2\mathrm{d}x \tag{5-7}$$

将 $\mathrm{MISE}\{\hat{f}(x)\}$ 简写为 $\mathrm{MISE}(h)$ 以表示它依赖于带宽 h，基于最小化的 MISE 准则的最优带宽定义为

$$h_{\mathrm{opt}} = \mathrm{argmin}_h\mathrm{MISE}(h) \tag{5-8}$$

根据式 (5-3)、式 (5-4)、式 (5-8)，则 MISE 准则可写成

$$\mathrm{MISE}(h) = \int\mathrm{Bias}^2\{\hat{f}(x)\}\mathrm{d}x + \int\mathrm{Var}\{\hat{f}(x)\}\mathrm{d}x \tag{5-9}$$

根据式 (5-5)、式 (5-6)，则 MISE 准则可写成

$$\mathrm{MISE}(h) = \frac{R(K)}{nh} + \frac{h^4\mu_2^2R(f'')}{4} + o\left(\frac{1}{nh}\right) + o(h^4), \quad h \to 0, \quad \frac{1}{nh} \to 0 \tag{5-10}$$

拥有大量样本时，以下定义的渐进 MISE （AMISE）可以作为一个好的近似，即

$$\mathrm{AMISE}(h) = \frac{R(K)}{nh} + \frac{h^4\mu_2^2R(f'')}{4} \tag{5-11}$$

基于最小化 $\mathrm{AMISE}(h)$ 准则的带宽系数定义如下

$$h^* = \arg\min_h\mathrm{AMISE}(h) = \left[\frac{R(K)}{\mu_2R(f'')n}\right]^{\frac{1}{5}} \tag{5-12}$$

3）基于核密度估计的非参数模型

设单变量相依时间序列为 $\{x_t\}_n$，x_t 依赖于前 p 个值 $x_{t-1}, x_{t-2}, \cdots, x_{t-p}$，取 $V_t = (x_{t-1}, x_{t-2}, \cdots, x_{t-p})^\mathrm{T}$，则 x_t 的条件概率密度函数为

$$f(x_t|x_{t-1}, x_{t-2}, \cdots, x_{t-p}) = f(x_t|V_t) = \frac{f(x_t, V_t)}{\int f(x_t, V_t)\mathrm{d}x_t} = \frac{f(x_t, V_t)}{f_V(V_t)} \tag{5-13}$$

式中，$f(x_t, V_t)$ 为 $p+1$ 维联合密度函数；$f_V(V_t)$ 为 p 维边缘密度函数，由多维核密度估计知

$$\hat{f}(x_t, V_t) = \frac{1}{(n-p)}\sum_{i=p+1}^n\frac{1}{(2\pi h^2)^{\frac{p+1}{2}}\det(S)^{\frac{1}{2}}}\exp\left\{-\frac{\begin{bmatrix}x_t - x_i\\V_t - V_i\end{bmatrix}^\mathrm{T}S^{-1}\begin{bmatrix}x_t - x_i\\V_t - V_i\end{bmatrix}}{2h^2}\right\} \tag{5-14}$$

$$\hat{f}_V(V_t) = \frac{1}{(n-p)}\sum_{i=p+1}^n\frac{1}{(2\pi h^2)^{\frac{p}{2}}\det(S_V)^{\frac{1}{2}}}\exp\left\{-\frac{(V_t - V_i)^\mathrm{T}S_V^{-1}(V_t - V_i)}{2h^2}\right\} \tag{5-15}$$

$$S = \begin{bmatrix}S_x & S_{xV}\\S_{xV}^\mathrm{T} & S_V\end{bmatrix} \tag{5-16}$$

式中：S 为 (x_t, V_t) 的 $(p+1) \times (p+1)$ 阶对称样本协方差阵；S_x 为 x_t 的样本方差阵；S_{xV} 为 x_t 与 V_t 的 $1 \times p$ 阶样本方差阵；S_{xV}^{T} 为 V_t 与 x_t 的 $p \times 1$ 阶样本协方差阵；S_V 为 V_t 的 $p \times p$ 阶对称样本方差阵。S 由实测样本计算得到，$V_i = (x_{i-1}, x_{i-2}, \cdots, x_{i-p})^{\mathrm{T}}$ 和 x_i 来自实测样本 $(i = p+1, p+2, \cdots, n)$。将式（5－14）、式（5－15）代入式（5－13）中整理得到

$$\hat{f}(x_t | V_t) = \sum_{i=p+1}^{n} W_i \frac{1}{(2\pi)^{\frac{1}{2}} \det(c)^{\frac{1}{2}}} \exp\left[-\frac{(x_i - b_i)^2}{2c} \right] \tag{5-17}$$

$$W_i = \frac{\exp\left[-\dfrac{(V_t - V_i)^{\mathrm{T}} S_V^{-1} (V_t - V_i)}{2h^2} \right]}{\displaystyle\sum_{j=p+1}^{n} \exp\left[-\dfrac{(V_t - V_j)^{\mathrm{T}} S_V^{-1} (V_t - V_j)}{2h^2} \right]} \tag{5-18}$$

式中：$\sum_{i=p+1}^{n} W_i = 1.0$，$b_i = x_i + (V_t - V_i)^{\mathrm{T}} S_V^{-1} S_{xV}^{\mathrm{T}}$，$c = h^2 (S_x - S_{xV} S_V^{-1} S_{xV}^{\mathrm{T}})$。

由式（5－17）知，条件密度函数 $\hat{f}(x_t | V_t)$ 是 $n-p$ 个高斯函数（均值 b_i，方差 c）的加权平均和；当 V_i 越接近 V_t，其对应的高斯函数对 $\hat{f}(x_t | V_t)$ 的贡献权重 W_i 越大。应用式（5－17）可随机模拟 x_t，其模拟公式为

$$x_t = b_i + \sqrt{c} e_t \tag{5-19}$$

式中，e_t 为均值 0、方差 1 的独立高斯随机变量。在条件 V_t 下，模拟序列 x_t 是来自条件概率密度函数式（5－17）的一个样本。在核函数 $K(\cdot)$ 给定后，需寻求最优带宽系数 h 和确定模型阶数 p。带宽系数 h 由式（5－12）确定，模型阶数 p 由 AIC 准则确定，即

$$\mathrm{AIC}(p) = 2p + n \ln \sigma_\varepsilon^2 \tag{5-20}$$

式中，σ_ε^2 为残差方差。当 AIC 达到最小值时对应的 p 即为模型阶数。

4）模型算法

基于核密度估计的非参数模型的主要过程为：①从实测资料中构造 x_i 和 V_i；②确定模型阶数 p，计算协方差矩阵 S 和最优带宽系数 h；③给 V_t 赋初值；④给定 V_t，由式（5－18）计算抽样概率 W_i；⑤以概率 W_i 抽样 x_i；⑥按式（5－19）模拟 x_t；⑦给 V_t 重新赋值，转向步骤④，继续模拟；⑧当满足模拟数时停止模拟。

5.1.2 需水量增大风险计算

由于水源地供水区经济社会是在不断发展变化的，因此饮用水需水量也处于一个不断变化的过程中。饮用水水源地在保证一个地区的饮用水需求时，其供水工程也存在一个设计最大供水量（Max 供），而为保障一个地区正常的生活用水需求，饮用水水源地还存在一个最小供水量（Min 供）。根据河道来水过程曲线，可建立一个饮用水水源地供水量年度变化曲线示意图，以一个年度为一个供水区

间，存在一个最大供水量和最小供水量，如图 5-1 所示。饮用水水源地供水区随着经济社会的不断发展以及年度来水条件变化，其需水量也处在一个不断变化过程中，即存在一个最小需水量（Min 需）和最大需水量（Max 需），通过对比需水量与供水量之间的关系，分析需水量变化事件发生的可能性，具体情况有以下 5 种。

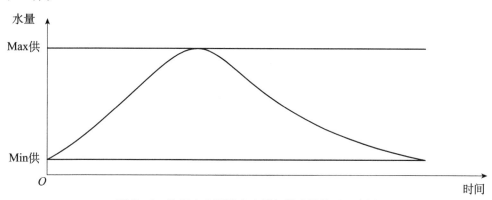

图 5-1　饮用水水源地来水量与供水量关系示意图

（1）Max 需 > Min 需 > Max 供，如图 5-2 所示。当水源地供水区最大需水量和最小需水量均大于水源地最大供水量，则风险事件发生的可能性为 1。但是，此类事件出现的情况为极端情况，通常情况下，这类水源地不能满足正常的用水需求，趋向于水源地关闭状态。

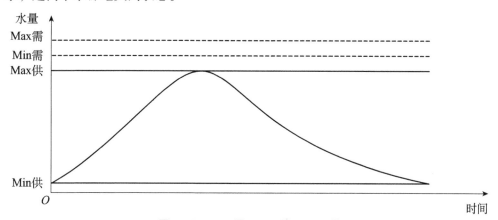

图 5-2　Max 需 > Min 需 > Max 供

（2）Min 供 > Max 需 > Min 需，如图 5-3 所示。当水源地最小供水量均大于水源地供水区最大需水量和最小需水量，则风险事件发生的可能性为 0。同样，此类事件出现的情况也为极端情况，通常情况下，这类水源地水量充足、供水能力很大，但需水量很少，造成水源地浪费的现象。

（3）Min 需 < Min 供 < Max 需 < Max 供，如图 5-4 所示。当水源地供水区最小需水量小于水源地最小供水量，最大需水量小于最大供水量，则存在风险事件，

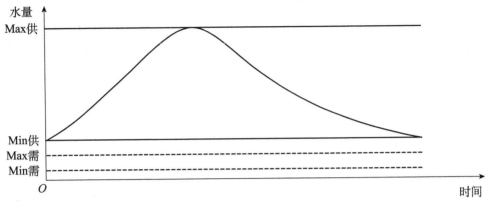

图 5 – 3　Min 供 > Max 需 > Min 需

即存在一定时段水源地供水量不能够满足取水需求，即图 5 – 4 中阴影部分。此类事件发生的概率即为阴影面积所在的天数占一年中供水总天数的百分比。

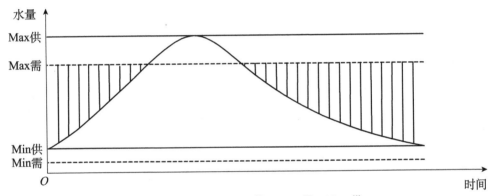

图 5 – 4　Min 需 < Min 供 < Max 需 < Max 供

（4）Min 供 < Min 需 < Max 需 < Max 供，如图 5 – 5 所示。当水源地供水区最小需水量大于水源地最小供水量，最大需水量小于最大供水量，则存在风险事件，即存在一定时段水源地供水量不能够满足取水需求，即图 5 – 5 中阴影部分。此类事件发生的概率即为阴影面积所在的天数占一年中供水总天数的百分比。

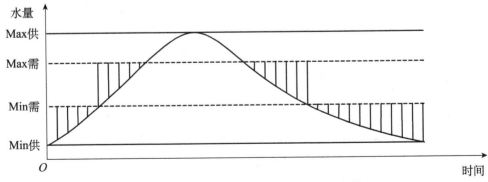

图 5 – 5　Min 供 < Min 需 < Max 需 < Max 供

（5）Min 供 < Min 需 < Max 供 < Max 需，如图 5-6 所示。当水源地供水区最小需水量大于水源地最小供水量，最大需水量大于最大供水量，则存在风险事件，即存在一定时段水源地供水量不能够满足取水需求，即图 5-6 中阴影部分。此类事件发生的概率即为阴影面积所在的天数占一年中供水总天数的百分比。

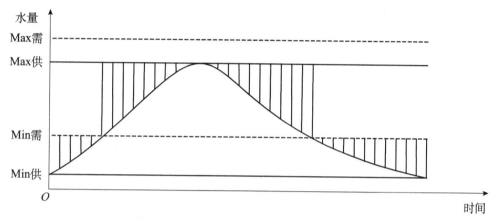

图 5-6 Min 供 < Min 需 < Max 供 < Max 需

5.1.3 水量安全风险综合计算

根据《室外给水设计规范》，通过典型调查，综合分析饮用水水源地供水区居民生活用水定额，科学合理预测供水区居民生活需水量。根据大数定理，在试验不变的条件下，重复试验多次后，随机事件的频率近似为其发生的概率。因此，通过分析饮用水水源地来水量小于同时段饮用水水源地供水区需水量的时段数，并与模拟的总时段相比，当模拟时段足够长时，该比值可近似认为是饮用水水源地水量安全风险。

5.2 水质安全风险计算模型

根据河道型饮用水水源地安全风险因子识别和作用机理分析结果，水源地水质安全风险主要包括非突发性水质安全风险和突发性水质安全风险。对于突发性水质安全风险，本书重点分析船舶溢油事件、有毒化学品泄漏事件和污水非正常大量排放事件。因此，本书对非突发性水质安全风险、船舶溢油事件安全风险、有毒化学品泄漏事件安全风险和污水非正常大量排放事件安全风险分别进行风险率计算，再进行水质安全综合风险计算。

5.2.1 非突发性水质安全风险计算

河道型饮用水水源地非突发性水质安全风险计算主要是计算河流水体内某项

指数的超标概率，通常用概率测度来描述风险的大小。计算超标概率首先要选择合适的水质模型，然后把该模型的参数作为随机参数，用随机模拟或其他方法求出水体中某项水质指标超标的概率。该方法在理论上比较完善，但需要大量的实际监测数据作为支撑，而实际操作过程中往往缺乏足够的数据来推断各参数的统计值。由于河流本身就是一个开放的大系统，河流水体中污染物浓度的稀释和降解过程会受到外界诸多不确定性因素的影响，而水体中污染物的浓度也会呈现出一定的随机性和模糊性，因此，本书采用模糊事件概率理论，建立非突发性水质安全风险模糊风险率模型，通过引入模糊事件信息熵评估隶属函数特征值选取的可靠程度，分析计算河道型饮用水水源地非突发性水质安全风险。

非突发性水质安全风险发生的概率是指非突发性水质安全事件发生后，水源地不能满足正常取水需求的天数占一年中供水总天数的比例。本书通过分析非突发性水质安全风险事件发生的概率，计算对水源地取水口水质的影响程度，从而得出非突发性水质安全风险率。

1）模糊事件风险率理论

假设事件 A 为一个模糊事件，它的特征函数就可以利用隶属度函数 $\mu_A(x)$ 来表示，则模糊事件 A 的概率可定义为

$$P(A) = \int_U \mu_A(x)\mathrm{d}P = E[\mu_A(x)] \qquad (5-21)$$

式中的积分为勒贝格积分。若 $\mu_A(x)$ 和 $f(x)$ 是实数域 R 上的可积函数，则模糊事件 A 的概率为

$$P(A) = \int_U \mu_A(x)\mathrm{d}P = \int_U \mu_A(x)f(x)\mathrm{d}x \qquad (5-22)$$

式中：$f(x)$ 为随机变量 x 的概率密度函数；$\mu_A(x)$ 为模糊事件的隶属函数，表示 x 隶属于模糊事件 A 的程度。如果 $x \in A$，则 $\mu_A(x) = 1$；如果 $x \notin A$，则 $\mu_A(x) = 0$。通过计算模糊事件隶属函数的数学期望，可以获得模糊事件的概率。

如果以模糊逻辑的方式来描述非突发性水质安全事件的发生，那么可将非突发状态下的某项水质指标的超标状态作为模糊数来计算。假设饮用水水源地水质状态函数为 M，水源地环境容量为 X，水源地环境负荷量为 Y，则饮用水水源地水质状态定义为

$$M = X - Y \qquad (5-23)$$

当 $M > 0$，表示饮用水水源地水质处于安全状态；当 $M = 0$，表示饮用水水源水质处于临界状态；当 $M < 0$，表示饮用水水源地水质处于不安全状态。因此，非突发性水质安全风险可表示为

$$R = P(M < 0) \qquad (5-24)$$

若定义水源地环境模糊容量为 $\tilde{X}$，水源地环境模糊负荷量为 $\tilde{Y}$，其状态函数分别为

$$\hat{X} = F_1(\hat{X}_1, \hat{X}_2, \cdots, \hat{X}_n) \tag{5-25}$$

$$\hat{Y} = F_2(\hat{Y}_1, \hat{Y}_2, \cdots, \hat{Y}_n) \tag{5-26}$$

则饮用水水源地水质状态函数定义为

$$\hat{M} = \hat{X} - \hat{Y} = F(\hat{M}_1, \hat{M}_2, \cdots, \hat{M}_n) \tag{5-27}$$

则非突发性水质安全风险可表示为

$$R = P(\hat{M} < 0) = P\{F(\hat{M}_1, \hat{M}_2, \cdots, \hat{M}_n) < 0\} \tag{5-28}$$

式中，$\hat{M}_i(i = 1, 2, \cdots, n)$ 为决定水源地水质状态的随机变量，即决定水源地水质状态的单项水质事件。

本书采用降半梯形分布建立饮用水水源地非突发性水质安全事件 A 的隶属函数，其函数形式为

$$\mu_A(x) = \begin{cases} 1, & x < a \\ \dfrac{b - x}{b - a}, & a \leqslant x \leqslant b \\ 0, & x > b \end{cases} \tag{5-29}$$

由于饮用水水源地非突发性水质安全事件受水文条件变化、污水连续达标排放、非点源污染积累等不确定性因素的影响，呈现出一种对称分布，故采用正态分布来拟合。其分布密度函数形式为

$$f(x) = \frac{1}{\sqrt{2\pi}\delta} e^{-\frac{(x-\mu)^2}{2\delta^2}} \tag{5-30}$$

式中：μ 为随机变量的期望；δ 为随机变量的方差。

根据式（5-24），得到非突发性水质安全风险率为

$$P = P(A) = \int_{-\infty}^{+\infty} \mu_A(x) f(x) \, dx = \int_{-\infty}^{a} \frac{1}{2\pi\delta} e^{-\frac{(x-\mu)^2}{2\delta^2}} \, dx$$

$$+ \int_a^b \frac{b-x}{b-a} \frac{1}{2\pi\delta} e^{-\frac{(x-\mu)^2}{2\delta^2}} \, dx \tag{5-31}$$

2）基于熵理论的模糊风险率计算方法

由式（5-29）~式（5-31）可知，需确定模糊隶属函数中的 a 和 b，才能获得非突发性水质安全风险率。本书引入熵理论，在进行非突发性水质安全风险率计算时，对 a 和 b 的取值范围给予定量描述。用熵值描述模糊事件风险率不确定性时，反映的是事件风险率可接受程度，风险率熵值越大，则可接受程度越高；反之亦然。本书主要讨论连续模糊事件的熵，连续模糊事件的熵可定义为

$$H(A) = -\int_{-\infty}^{+\infty} \mu_A(x) f(x) \log[\mu_A(x) f(x)] \, dx \tag{5-32}$$

因此，模糊事件的模糊熵 $H(A)$ 表示模糊事件 A 的不确定程度。当水源地非突发性水质安全风险率采用式（5-31）计算时，则描述该事件不确定程度的熵为

$$H(A) = -\int_{-\infty}^{+\infty} \mu_A(x)f(x)\log[\mu_A(x)f(x)]\mathrm{d}x$$

$$= -\int_{-\infty}^{a} \frac{1}{2\pi\delta}e^{-\frac{(x-\mu)^2}{2\delta^2}}\log\left[\frac{1}{2\pi\delta}e^{-\frac{(x-\mu)^2}{2\delta^2}}\right]\mathrm{d}x$$

$$-\int_{a}^{b}\frac{b-x}{b-a}\frac{1}{2\pi\delta}e^{-\frac{(x-\mu)^2}{2\delta^2}}\log\left[\frac{b-x}{b-a}\frac{1}{2\pi\delta}e^{-\frac{(x-\mu)^2}{2\delta^2}}\right]\mathrm{d}x \quad (5-33)$$

当运用式（5-33）计算非突发性水质安全风险率时，可实现设置可接受的程度水平，对模糊隶属函数的特征值进行定量化分析，根据熵值判断和估计隶属函数中 a、b 的取值是否合适。

5.2.2　船舶溢油事件安全风险计算

船舶溢油事件发生的概率是指船舶溢油事件发生后，水源地不能满足正常取水需求的天数占一年中供水总天数的比例。本书通过分析船舶溢油事件发生后，污染物到达取水口并对取水口水质产生影响的风险，从而得出船舶溢油事件安全风险率。

根据河道型饮用水水源地船舶溢油事件风险因子识别和作用机理分析结果，船舶溢油事件主要是指在水源保护区水域内或临界水域内发生的由船舶碰撞、搁浅、触礁、爆炸等原因造成的燃油泄漏，属于饮用水水源地突发性污染事件。当饮用水水源地发生船舶溢油事件后，污染物质会对水体产生瞬时强负荷污染，在较短的时间内对饮用水取水口构成严重威胁。船舶溢油事件安全风险计算主要是指通过二维水流水质模型，分析计算溢油事故发生后污染物到达取水口的风险。

1）二维水流水质模型

常用的二维水流水质方程为

$$\begin{cases} \dfrac{\partial h}{\partial t} + \dfrac{\partial(hu)}{\partial x} + \dfrac{\partial(hv)}{\partial y} = 0 \\[3mm] \dfrac{\partial(hu)}{\partial t} + \dfrac{\partial\left(hu^2 + \dfrac{gh^2}{2}\right)}{\partial x} + \dfrac{\partial(huv)}{\partial y} = gh(S_{0x} - S_{fx}) + S_{wx} \\[3mm] \dfrac{\partial(hv)}{\partial t} + \dfrac{\partial(huv)}{\partial x} + \dfrac{\partial\left(hv^2 + \dfrac{gh^2}{2}\right)}{\partial y} = gh(S_{0y} - S_{fy}) + S_{wy} \\[3mm] \dfrac{\partial(hC_l)}{\partial t} + \dfrac{\partial(huC_l)}{\partial x} + \dfrac{\partial(hvC_l)}{\partial y} = \nabla[D_l\nabla(hC_l)] - \mu_l hC_l + \mu_{l-1}hC_{l-1} + \mu_{l-2}hC_{l-2} + S_l \end{cases}$$

$$(5-34)$$

式中：h 为水深；u、v 分别为 x、y 方向流域；g 为重力加速度；t 为时间；$S_{0x} = -\dfrac{\partial Z}{\partial x}$，$S_{fx} = \dfrac{\rho u\sqrt{u^2+v^2}}{hc^2} = \dfrac{\rho n^2 u\sqrt{u^2+v^2}}{h^{\frac{4}{3}}}$，分别为 x 方向的河底坡降和摩阻比降；

$$S_{0y} = -\frac{\partial Z_b}{\partial y}, \quad S_{fy} = \frac{\rho v \sqrt{u^2 + v^2}}{hc^2} = \frac{\rho n^2 v \sqrt{u^2 + v^2}}{h^{\frac{4}{3}}}, \quad 分别为 \, y \, 方向的河底坡降和摩阻$$

比降；$S_{wx} = \rho_a C_D |W_a| \cdot W_a \cdot \cos a$，$S_{wy} = \rho_a C_D |W_a| \cdot W_a \cdot \sin a$，分别为 x 向和 y 向的风应力；C_l 为污染物浓度；D_l 为离散系数；∇ 为拉普拉斯算子；μ_l 为污染物综合降解系数；S_l 为污染物的源汇项。

式（5-34）的矢量表达式为

$$\frac{\partial q}{\partial t} + \frac{\partial f(q)}{\partial x} + \frac{\partial g(q)}{\partial y} = b(q) \tag{5-35}$$

式中，$q = \left[h, hu, hv, hC_l \right]^T$ 为守恒物理量；$f(q) = \left[hu, hu^2 + \frac{gh^2}{2}, huv, huC_l \right]^T$ 为 x 向的通量向量；$g(q) = \left[hv, huv, hv^2 + \frac{gh^2}{2}, hvC_l \right]^T$ 为 y 向的通量向量；源汇项 $b(q)$ 为

$$b(q) = \begin{bmatrix} 0 \\ gh(S_{0x} - S_{fx}) \\ gh(S_{0y} - S_{fy}) \\ \nabla(D_l \nabla(hC_l)) - \mu_l hC_l + \mu_{l-1} hC_{l-1} + \mu_{l-2} hC_{l-2} + S \end{bmatrix} \tag{5-36}$$

式中，∇ 为梯度算子，$\nabla \cdot \nabla = \nabla^2$ 是拉普拉斯算子。

2）控制方程离散

为满足河道水体中水流运动质量和动量同时守恒，本书采用有限体积法对式（5-34）进行离散，并采用黎曼近似解来提高数值计算精度，从而模拟水体中相应污染物输运扩散过程。对于任意单元 Ω，其边界为 $\partial \Omega$，得到有限体积法（FVM）的基本方程：

$$\iint_\Omega q_t d\omega = -\int_{\partial\Omega} F(q) \cdot n dL + \iint_\Omega b(q) d\omega \tag{5-37}$$

式中，n 为单元边界 $\partial\Omega$ 的外法向单位向量；$d\omega$ 和 dL 为面积分和线积分微元；$F(q) \cdot n$ 为法向数值通量，$F(q) = \left[f(q), g(q) \right]^T$；向量 q 为单元平均值，对于一阶精度则假定为常数。据此式（5-37）可离散为

$$A \frac{dq}{dt} = -\sum_{j=1}^{m} F_n^j(q) L^j + b_*(q) \tag{5-38}$$

式中，A 为单元 Ω 的面积；m 为单元边总数；L^j 为单元中第 j 边的长度；$b_*(q)$ 为源汇项，$b_*(q) = \left(A \cdot b_1, A \cdot b_2, A \cdot b_3, \sum D_l(\nabla hC)_n L + S - A \cdot K \cdot hc \right)^T$。单元边法向通量 $F_n^j(q)$ 简记为 $F_n(q)$，则

$$F_n(q) = \cos\Phi \cdot f(q) + \sin\Phi \cdot g(q) \tag{5-39}$$

式中，Φ 为法向向量 n 与 x 轴的夹角。根据通量向量 $f(q)$ 和 $g(q)$ 的旋转不变性，有 $F_n(q) = T(\Phi)^{-1} f(\bar{q})$，代入式（5-38），则 FVM 方程表达为

$$A \frac{\Delta q}{\Delta t} = - \sum_{j=1}^{m} T(\Phi)^{-1} f(\bar{q}) L^{j} + b_{*}(q) \tag{5-40}$$

式中：$\bar{q} = T(\Phi) \cdot q$；$T(\Phi)$ 为旋转变换矩阵；$T(\Phi)^{-1}$ 为逆变换矩阵。由式（5-40）知，问题归为确定法向通量 $f(\bar{q})$，本书通过解局部一维黎曼问题得到。

3）法向通量数值解

根据上述离散化模型，沿单元各边局部一维黎曼问题是一个初值问题：

$$\frac{\partial \bar{q}}{\partial t} + \frac{\partial f(\bar{q})}{\partial \bar{x}} = 0, \quad 满足 \; \bar{q}(\bar{x},0) = \begin{cases} \bar{q}_{L}, & \bar{x} < 0 \\ \bar{q}_{R}, & \bar{x} > 0 \end{cases} \tag{5-41}$$

式中：$f(\bar{q})$ 为局部坐标原点处的外法向通量；$\bar{q}_{L}$ 和 $\bar{q}_{R}$ 分别为向量 $\bar{q}$ 在单元界面左右的状态。通过解算此黎曼问题，得到外法向数值通量，记为 $f_{LR}(\bar{q}_{L}, \bar{q}_{R})$。通常有 Osher、通量向量分裂（FVS）、通量差分裂（FDS）三种可选择的黎曼近似解，本书采用 FDS 格式，对法向通量进行计算。FDS 格式的法向数值通量差为

$$\Delta F = F_{L} - F_{R} = \sum_{j=1}^{4} \bar{\lambda}_{j} \alpha_{j} \gamma_{j} \tag{5-42}$$

式中：α_{j} 为系数，$\alpha_{1} = \frac{\Delta h}{2} + \frac{\bar{h} \Delta u_{n}}{2\bar{a}}$，$\alpha_{2} = \Delta h - \alpha_{1}$，$\alpha_{3} = \frac{\bar{h}}{\bar{v}} \Delta v_{\tau}$，$\alpha_{4} = \frac{\bar{h}}{\bar{C}_{i}} \Delta C_{i}$；$\bar{\lambda}_{j}$ 为特征值，$\bar{\lambda}_{1} = \bar{u} - \bar{a}$，$\bar{\lambda}_{2} = \bar{u} + \bar{a}$，$\bar{\lambda}_{3} = \bar{\lambda}_{4} = \bar{u}$；$\gamma_{j}$ 为右特征向量，$\gamma_{1} = (1, \bar{u} - \bar{a}, \bar{v}, \bar{C}_{i})^{T}$，$\gamma_{2} = (1, \bar{u} + \bar{a}, \bar{v}, \bar{C}_{i})^{T}$，$\gamma_{3} = (0, 0, \bar{v}, 0)^{T}$，$\gamma_{4} = (0, 0, 0, \bar{C}_{i})^{T}$。其中，$\bar{h} = \sqrt{h_{L} \cdot h_{R}}$；$\bar{u} = \frac{\sqrt{h_{L}} u_{nL} + \sqrt{h_{R}} u_{nR}}{\sqrt{h_{L}} + \sqrt{h_{R}}}$；$\bar{v} = \frac{\sqrt{h_{L}} v_{nL} + \sqrt{h_{R}} v_{nR}}{\sqrt{h_{L}} + \sqrt{h_{R}}}$；$\bar{a} = \sqrt{\frac{g(h_{L} + h_{R})}{2}}$；$\Delta h = h_{L} - h_{R}$；

$\Delta u_{n} = u_{nL} - u_{nR}$；$\Delta v_{\tau} = v_{\tau L} - v_{\tau R}$，$\Delta C_{i} = C_{iL} - C_{iR}$；$\bar{C}_{i} = \frac{\sqrt{h_{L}} C_{iL} + \sqrt{h_{R}} C_{iR}}{\sqrt{h_{L}} + \sqrt{h_{R}}}$。$u_{n}$、$v_{\tau}$ 分别为法向和切向流速，下标 L 和 R 分别表示单元界面的左和右，F_{L}、F_{R} 分别为界面左右单元的法向向量。

一阶精度法向数值通量为

$$f_{LR} = \frac{1}{2}(F_{L} + F_{R}) - \frac{1}{2}|\Delta F| = \frac{1}{2}(F_{L} + F_{R}) - \frac{1}{2} \sum_{j=1}^{4} |\bar{\lambda}_{j}| \alpha_{j} \gamma_{j} \tag{5-43}$$

二阶精度法向数值通量为

$$f_{LR}^{(2)} = f_{LR} + \frac{1}{2} [\varphi(r_{L}^{+}) \cdot \alpha_{LR}^{+} \cdot \delta f_{LR}^{+} - \varphi(r_{L}^{-}) \cdot \alpha_{LR}^{-} \cdot \delta f_{LR}^{-}] \tag{5-44}$$

式中：$r_{L}^{+} = \frac{\alpha_{LR-1}^{+} \delta f_{LR-1}^{+}}{\alpha_{LR}^{+} \delta f_{LR}^{+}}$；$r_{L}^{-} = \frac{\alpha_{LR-1}^{-} \delta f_{LR-1}^{-}}{\alpha_{LR}^{-} \delta f_{LR}^{-}}$；$\alpha_{LR}^{+} = 1 - \frac{\delta f_{LR}^{+}}{\delta q_{LR}} \sigma$；$\alpha_{LR}^{-} = 1 + \frac{\delta f_{LR}^{-}}{\delta q_{LR}} \sigma$；$\delta f_{LR} = f_{L} - f_{R} = \delta f_{LR}^{+} + \delta f_{LR}^{-}$；$\delta q_{LR} = q_{R} - q_{L}$。其中，$f_{LR}$ 是一阶法向数值通量；$\sigma = \frac{\Delta t}{\Delta x}$；$\varphi$ 为限制函数，用以保证二阶项的全变差缩小特性。

4）边界条件

以上法向通量数值的计算方法只适用于计算域内部单元界面。当单元边为计算域的边界或实体（如工程建筑物）边界时，数值通量计算就变成了边界黎曼问题。这种条件下，$\bar{q}_L$ 为计算域内已知状态，而 $\bar{q}_R$ 为未知状态。一般可根据局部流态适当选定的输出特征的相容关系和指定边界条件确定未知状态。

对于缓流开边界，水流边界条件可以为：①当给定水位 h_R 已知时，根据黎曼不变量方程式，可由公式 $\bar{u}_R = \bar{u}_L + 2\sqrt{g}\left(\sqrt{u_L} - \sqrt{u_R}\right)$ 直接求得 $\bar{u}_R$；②当单宽流量 Q_R 已知时，由 $Q_R = h_R\bar{u}_R$ 与上式联解可得 h_R 和 $\bar{u}_R$；③当边界的水深 – 流量关系已知时，可由此关系式与上式联解求得 h_R 和 $\bar{u}_R$。对于污染物输移扩散，可给定两种边界条件：浓度时间序列和 $C_R = C_L$。

5.2.3　有毒化学品泄漏事件安全风险计算

根据河道型饮用水水源地有毒化学品泄漏事件风险因子识别和作用机理分析结果，有毒化学品泄漏事件主要是指在水源保护区或临界区域内，有毒化学品在运输或装卸过程中因交通事故、设备故障、人为操作失误等原因造成的泄漏，由此引发饮用水水源地污染事件。

有毒化学品泄漏事件发生的概率是指有毒化学品泄漏事件发生后水源地不能满足正常取水需求的天数占一年中供水总天数的比例。当有毒化学品在船舶运输过程中发生泄漏时，通过分析有毒化学品泄漏事件发生后污染物到达取水口并对取水口水质产生影响的风险，从而得出有毒化学品泄漏事件安全风险率，具体参考 5.2.2 节船舶溢油事件安全风险进行计算。当有毒化学品在公路运输过程中发生泄漏时，计算主要是在饮用水水源地区域附近路段事故率计算的基础上，综合考虑驾驶员、车辆、道路环境因素对路段事故发生可能性的影响，分析计算在公路运输或装卸过程中有毒化学泄漏后对饮用水水源地取水口水质安全影响的风险大小。

1）事故风险计算模型

有毒化学品泄漏事故涉及驾驶员、车辆和路况等因素，对不同的有毒化学品运输企业，其驾驶员和运输车辆的安全状况也不同，则事故发生的可能性也不同。本书以驾驶员、运输车辆和路况危险度三类因素作为有毒化学品公路运输泄漏事故发生可能性组成因子，提出河道型饮用水水源地有毒化学品泄漏事件安全风险计算模型如下：

$$R_C = F \cdot \frac{\sum\limits_{j=1}^{3} \lambda_j C_j}{100} \qquad (5-45)$$

式中：R_C 为事故发生的可能性；F 为饮用水水源地区域公路运输事故率；λ_j 为驾驶员、运输车辆、路况危险度三类因素的权重；C_j 为驾驶员、运输车辆、路况危险度三类因素的分值；j 为驾驶员、运输车辆、路况危险度三类因素。

2）运输事故率的计算

有毒化学品运输事故率通常分为交通事故引发事故率和非交通事故引发事故率；交通事故引发事故率是指由于车辆碰撞、侧翻、刮擦等引起的有毒化学品发生火灾、爆炸和泄漏扩散事故的概率；非交通事故引发事故率是指有毒化学品在公路运输期间由于存储设备失效、金属腐蚀、存储超压、结构缺陷、包装缺陷等引起的有毒化学品发生火灾、爆炸和泄漏扩散事故的概率。目前，针对运输事故率的计算主要是通过事故统计方法，在大量历史事故资料基础上得出基于公路状况的交通运输事故率，这一交通运输事故率综合了各方面因素的影响，见表 5 - 2。

表 5 - 2　基于公路状况的运输车辆交通事故率

等级	区域	路面	运输车辆事故率（次/km）
10	农村	高速公路（限制通行）	4×10^{-7}
20	农村	多车道（已划分）	1.34×10^{-6}
20	城市	高速公路（限制通行）	1.35×10^{-6}
20	农村	双车道	1.36×10^{-6}
36	农村	多车道（未划分）	2.79×10^{-6}
64	城市	双车道	5.38×10^{-6}
71	城市	单车道	6.03×10^{-6}
90	城市	多车道（已划分）	7.75×10^{-6}
100	城市	多车道（未划分）	8.65×10^{-6}

3）三类因素权重的确定

每起有毒化学品泄漏事故的发生通常与许多因素有关，本书重点考虑驾驶员、运输车辆和路况三类因素，应用重要度的计算方法确定三类因素的权重：将三类因素看成引起事故发生的重要因子，其事故因子的重要度与因子在历史事故中出现的频率及发生时间有关，若该因子在历史事故中出现的频率越大，则危害性越大，与近期历史事故发生越相关的因子，其重要度越大，对安全事件的影响就越大，其在引起泄漏事件发生可能性中的地位就越重要。事故因子的重要度仅说明了其在事故发生中的重要程度，但由于事故因子众多，不可能都作为分析目标，本书根据事故因子重要度值的大小进行优化处理，将驾驶员、运输车辆和路况危险度三类因子进行归一化处理如下：

$$\lambda_j = \frac{u_j}{\sum\limits_{j=1}^{3} u_j} \qquad (5-46)$$

式中，λ_j 为驾驶员、运输车辆和路况三类因素的权重；u_j 为驾驶员、运输车辆和路况三类因素的重要度。

4）三类因素危险度分值的确定

驾驶员、运输车辆和路况三类因素危险度分值的确定主要基于有毒化学品运输企业内部管理人员依据企业及运输路线具体情况对三类因素进行的打分，并纳入专家的咨询意见最终确定。

（1）驾驶员因素危险度分值。有毒化学品泄漏事故中驾驶员因素事故因子主要包括驾驶员聘用管理、危险品运输驾驶员执证上岗、驾驶平均技术等级、驾驶员对运输规则的了解程度、遇到紧急情况时的反应能力、对危险品运输安全知识的了解程度、对运输路线的熟悉程度、驾驶员遵守安全规章情况、驾驶员车日行程等是否符合规定、驾驶员品行（如是否喝酒）等 10 项。10 项事故因子总分为 100 分，按每项事故因子 10 分分别进行扣分（如果此项落实得很好，那么扣 10 分；较好扣 7 分；一般扣 5 分；较差扣 3 分；很差扣 0 分），然后再将所有专家对各种事故因子的扣分值求平均值，用总分 10 分来减去平均扣分值，所得分值即为该事故因子的危险度分值，10 项事故因子危险度分值之和即为驾驶员因素危险度分值。假设有 n 位管理人员参与评估，则驾驶员因素危险度分值为

$$X = \sum_{j=1}^{10} D_j = \sum_{j=1}^{10} \left(10 - \frac{\sum_{i=1}^{n} D_{ij}}{n} \right) \qquad (5-47)$$

式中：X 为驾驶员因素危险度分值；D_j 为第 j 项事故因子的危险度值；D_{ij} 为第 i 位专家对第 j 项事故因子的扣分值。

（2）运输车辆因素危险度分值。有毒化学品泄漏事故中车辆因素事故因子主要包括车辆的技术状况、车辆维护和检测情况、车辆安全装备与先进安全技术的应用、车辆安全装备检查情况、车辆的改装和改造、危险品车辆条件是否符合相关标准、车辆的更新和报废等 7 项。车辆因素危险度分值计算公式与驾驶员因素一样（车辆安全因素每项事故因子中车辆技术状况、维修与检测状况每项 15 分，其余各项 14 分）。

（3）路况因素危险度分值。有毒化学品泄漏事故中路况因素事故因子主要包括道路几何线形、道路路面表面特性、交叉工程、视距、标志标线、交通控制设备及安全设施、路边状况、停车状况、夜间可视性等 9 项。路况因素危险度分值计算公式也与驾驶员因素一样（路况因素事故因子中道路几何线形 12 分，其余各项 11 分）。

本书所列驾驶员、运输车辆和路况因素三项指标分别从不同方面反映了它们对有毒化学品运输交通事故发生可能性的影响，为进一步评估这三项指标的危险程度，将驾驶员、运输车辆及路况因素危险度分值进行定量分级，见表 5-3。

表5-3　驾驶员、运输车辆和路况三类因素危险度分值等级

等级	危险度分值
极其危险	80～100
较大危险	60～80
一般危险	40～60
稍有危险	20～40
基本无危险	0～20

5.2.4　污水非正常大量排放事件安全风险计算

根据河道型饮用水水源地污水非正常大量排放事件风险因子识别和机理分析结果，污水非正常大量排放事件主要是指在水源保护区水域或上游临界水域内发生的污水处理厂运行事故或未经处理的污水大量排放等，由此引发饮用水水源地污染事件。饮用水水源地发生污水非正常大量排放事件后，当排入水体污水的数量及污染物的浓度达到一定程度时，会在一定时段内对饮用水取水口构成严重威胁。

污水非正常大量排放事件发生的概率是指污水非正常大量排放事件发生后，水源地不能满足正常取水需求的天数占一年中供水总天数的比例。本书通过分析污水非正常大量排放事件发生后污水中污染物在水体中的迁移转化过程，得出污染物到达取水口并对取水口水质产生影响的风险，从而得出污水非正常大量排放事件安全风险率。

1）污染物迁移转化基本方程

当污水排入河流水体中，其污染物都满足根据质量守恒定律推导出来的迁移转化基本方程

$$\frac{\partial c}{\partial t} + u_x\frac{\partial c}{\partial x} + u_y\frac{\partial c}{\partial y} + u_z\frac{\partial c}{\partial z} = D_x\frac{\partial^2 c}{\partial x^2} + D_y\frac{\partial^2 c}{\partial y^2} + D_z\frac{\partial^2 c}{\partial z^2} + \sum S - kc \quad (5-48)$$

式中：c 为河流水体中污染物质量浓度（mg/L）；t 为时间（s）；k 为降解系数（s^{-1}）；x，y，z 分别为纵向、横向和垂向距离（m）；u_x，u_y，u_z 分别为 x，y，z 方向的速度分量（m/s）；D_x，D_y，D_z 分别为 x，y，z 方向湍流扩散系数（m^2/s）；$\sum S$ 为内部所有源和汇的总和 [$g/(m^3 \cdot s)$]。对于污染物迁移转化基本方程，在不考虑其他支流污染物的汇合和分散，不考虑泥沙夹带效应的损失、垂向上污染物质量浓度变化和横向流速，将其进行简化得

$$\frac{\partial c}{\partial t} + u_x\frac{\partial c}{\partial x} = D_x\frac{\partial^2 c}{\partial x^2} + D_y\frac{\partial^2 c}{\partial y^2} - kc \quad (5-49)$$

式中符号意义同上。

2）污水瞬时排放风险预测

当河流水体中出现大量污水非正常排放事件时，必须同时考虑污水中污染物

的横向扩散作用与两岸对污染物的反射作用。假设污水排放位置位于近岸距离为 b 的地方，河宽为 B，若只考虑一次反射，根据简化的水质基本方程推出

$$C(x,y,t) = \frac{M}{4\pi h \sqrt{D_x D_y t^2}} e^{\frac{(x-ut)^2}{4D_x t}}\left[e^{-\frac{y^2}{4D_y t}} + e^{-\frac{(2b+y)^2}{4D_y t}} + e^{\frac{(2B-2b-y)^2}{4D_y t}} \right] e^{-kt} \quad (5-50)$$

式中：C 为河流水体中污染物质量浓度（mg/L）；t 为时间（s）；k 为降解系数（s^{-1}）；x，y 分别为纵向和横向距离（m）；D_x，D_y 分别为河流纵向和横向弥散系数（m^2/s）；u 为河流平均流速（m/s）；B 为河流宽度（m）；b 为近岸距离（m）；h 为河流平均水深（m）；M 为排入河流污水中污染物质量（g）。

假设河流水体中所能容纳污染物的质量浓度为 C_h，排污口 (x,y) 处 t 时刻受到 C_s 的危害，则污水中污染物排放量 M 必须超过 M^*，M^* 满足下式：

$$M^* = \frac{4\pi h \sqrt{D_x D_y t^2}(C_s - C_h) e^{\frac{(x-ut)^2}{4D_x t}} e^{kt}}{e^{-\frac{y^2}{4D_y t}} + e^{\frac{(2b+y)^2}{4D_y t}} + e^{-\frac{(2B-2b-y)^2}{4D_y t}}} \quad (5-51)$$

在式（5-51）基础上，令 $t = \dfrac{x}{u}$，$x = x^*$ 和 $y = 0$，$y = -b$，$y = B - b$ 可以分别得到排污口位置下游、近岸下游、远岸下游 x^* 距离处的水源地取水口污染物排放量 M^*，当 $M^* > M$ 时，则出现饮用水水源地安全事件。令 $A = \dfrac{M^*}{4\pi h \sqrt{D_x D_y}(C_s - C_h)}$，则由式（5-51）可得到

$$A = \frac{t e^{\frac{(x-ut)^2}{4D_x t} + kt}}{e^{-\frac{y^2}{4D_y t}} + e^{-\frac{(2b+y)^2}{4D_y t}} + e^{\frac{(2B-2b-y)^2}{4D_y t}}} \quad (5-52)$$

再令 $x = ut$，$y = 0$，则有

$$A = \frac{T_M e^{kT_M}}{1 + e^{-\frac{b^2}{D_y T_M}} + e^{\frac{(B-b)^2}{D_y T_M}}} \quad (5-53)$$

式中：T_M 为水源地取水水域污染最长时间；$X_M = uT_M$ 为水源地取水区域污染最大距离。令 $R_x = x - ut$，$y = 0$，则式（5-52）变形为

$$R_x = 3\sqrt{D_x t} \sqrt{\ln\left[A + A e^{-\frac{b^2}{D_y t}} + A e^{-\frac{(B-b)^2}{D_y t}} - e^{kt}\right]} \quad (5-54)$$

由式（5-54）得出，R_x 存在的条件是根号内的取值必须为正值。即污水排放量必须达到一定强度，否则不会产生安全风险事件。

5.3　生态安全风险计算模型

根据河道型饮用水水源地生态安全风险因子识别和机理分析结果，水源地生态安全风险评估主要是在分析水源地生态系统面临的外界威胁情况下，导致饮用水水源地不能满足正常取水需求所发生的概率。河道型饮用水水源地生态安全风险主要是指饮用水水源地系统生态环境受到自然因素或人为因素干扰，导致水源

地生态系统受损，不能满足正常的取水需求，具体包括生物生存环境受损、生态环境受自然灾害影响变差、生态系统更加脆弱、生态污染加剧，生态安全风险事件发生后将会引起水源地生物多样性下降、水源地功能萎缩、生态脆弱性加剧及环境污染加重，从而导致水源地水量或水质不能满足正常的取水需求。本书着重从以上几个方面进行考虑，并依据 EPA 提出的生态风险评估导则，构建河道型饮用水水源地生态安全风险评估指数体系，对河道型饮用水水源地生态安全风险进行评估，综合计算生态安全风险率。

5.3.1 生态安全风险评估指数体系

河流作为一个开放性的水体，包括水、沉积物和水生生物 3 个层次，本书在参考大量国内外文献基础上，将河道型饮用水水源地生态安全风险评估指数体系分为生态指数、灾害指数、脆弱性指数和污染指数 4 类，具体见图 5-7。根据 4 类指数确定水源地生态系统的损害程度，分析引起生态环境变化的不同类型影响因子，从而计算生态安全风险率。

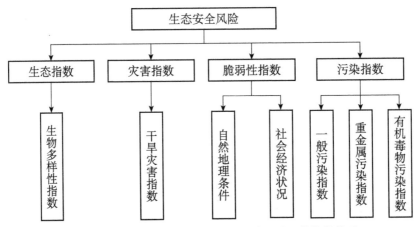

图 5-7 河道型饮用水水源地生态安全风险评估指数体系

5.3.2 生态安全风险评估指数计算

1）生态指数

生态指数反映水源地生态系统的完整性、重要性及自然性大小，以物种重要性指数、生物多样性指数、干扰强度和自然度等来表示。对于河流水生态系统，可用生物多样性指数来表示。在河流水生态系统中，生物群落的变化直接反映了水源地物种的丰富程度，也间接反映了水源地的生态状况，生物多样性指数越高，生态系统越稳定，生态安全风险越小。常用的多样性指数主要有 Gleason 指数、Margalef 指数、Simpson 指数和 Shannon-wiener 指数，本书采用 Margalef 多样性指数公式进行计算：

$$D_M = \frac{S-1}{\ln N} \qquad (5-55)$$

式中：D_M 为 Margalef 指数；S 为水生生物的原生物种种数；N 为观测的水生生物的丰度。

2）灾害指数

灾害指数反映水源地生态系统在外界极端天气因素干扰下的完整程度。在水源地生态安全风险评估过程中，由于干旱对水源地取水影响较大，因此，灾害指数主要考虑水源地所在流域或区域内的干旱灾害，灾害指数越小，生态系统越稳定，生态安全风险越小。本书将灾害指数定义为概率与权重值之积，由于本书只考虑干旱灾害，故灾害指数可表示为

$$D_D = \sum_{i=1}^{n} D_i = \sum_{i=1}^{n} (P_i \cdot W_i) \qquad (5-56)$$

式中：D_D 为灾害指数；n 为干旱灾害的级数；P_i 为第 i 级干旱灾害发生的概率；W_i 为第 i 级干旱灾害的权重值。

3）脆弱性指数

脆弱性指数反映水源地生态系统对外界干扰的灵敏程度，脆弱性指数越大，生态系统越稳定，生态安全风险越低。水生态系统的脆弱性是指水生态系统和环境在受到外界干扰时，容易从一种状态转变为另外一种状态，并且一经改变则很难恢复到初始状态。本书建立基于自然地理条件和社会经济状况的生态脆弱性指数，表示为

$$D_G = \sum_{j=1}^{m} (P_j \cdot W_j) \qquad (5-57)$$

式中：D_G 为脆弱性指数；P_j 为第 j 个自然地理和社会经济指标的标准化值；W_j 为第 j 个自然地理和社会经济指标的权重值；m 为自然地理和社会经济指标的个数。

4）污染指数

污染指数反映水源地生态系统对污染物的容纳情况，污染指数越小，生态系统越稳定，生态安全风险越低。河流水生态系统的污染物主要包括氮磷、重金属和有机毒物，当外界污染物进入水体后，部分污染物随水体流动到下游，部分污染物沉积到河底沉积物中，并在特定条件下释放出来，形成二次污染。污染指数可以通过等标污染指数来度量，表示为

$$D_P = \sum_{i=1}^{3} (P_i \cdot W_i) \qquad (5-58)$$

式中：D_P 为污染指数；P_i 为第 i 类污染物的等标指数；W_i 为第 i 类污染物的权重值。其中，当污染物为一般污染物时，$P_i = \dfrac{C_j}{S_j}$，式中 C_j 为污染物的实测浓度，S_j 为污染物的标准浓度；当污染物为重金属或有机毒物时，其计算公式为

$P_i = \sum_{j=1}^{n} T_j \dfrac{C_j}{S_j}$，式中 T_j 为第 j 类重金属或有机毒物的毒性响应系数，C_j 为第 j 类重金属或有机毒物的实测值，S_j 为第 j 类重金属或有机毒物的标准值。

5.3.3 生态安全风险评估指数权重

根据选取的生态安全风险评估指数的特点，采用层次分析法确定各风险指数的权重，通常按照构建层次结构模型、构造判断矩阵和一致性检验的步骤进行。

当评估者或专家对两个指标进行比较时，对每个指标之间的关系需要有一个定量的标度，以确定每个指标的重要程度。在层次分析法确定权重的过程中，通常选用如表 5-4 所示的 1~9 标度法和 9/9~9/1 标度法。

表 5-4　评估指标重要程度标度表

标度		含义
1	9/9	表示两个指标相比，具有同样重要性
3	9/7	表示两个指标相比，一个指标比另一个指标稍微重要
5	9/5	表示两个指标相比，一个指标比另一个指标明显重要
7	9/3	表示两个指标相比，一个指标比另一个指标非常重要
9	9/1	表示两个指标相比，一个指标比另一个指标绝对重要
2，4，6，8	9/2，9/4，9/6，9/8	上述两相邻标度的中值
倒数		表示两个指标的反比较

对所选指标进行两两比较，并对其相对重要性进行评分，根据属性层的若干指标，可得到若干个两两比较判断矩阵。其中先给出递阶层次中的某一层因素，如第 i 层的因素 B_1，B_2，…，B_n，以及相邻上一层（$i-1$）的一个指标 A_k，两两比较第 i 层的所有因素对 A_k 指标的影响程度，将比较结果填入一个矩阵表，即可构成 $A\text{-}B$ 判断矩阵，如表 5-5 所示。在表 5-5 中，$b_{ij}=B_i/B_j$，表示对 A_k 这一层目标而言，指标 B_i 对指标 B_j 相对重要性的判断值。对于判断矩阵的元素 b_{ij}，显然有性质：$b_{ij}>0$；$b_{ii}=1$；$b_{ji}=1/b_{ij}$，即对角线上元素为 1。

表 5-5　$A\text{-}B$ 判断矩阵表

A_k	B_1	B_2	…	B_n
B_1	1	b_{12}	…	b_{1n}
B_2	b_{21}	1	…	b_{2n}
…	…	…	…	…
B_n	b_{n1}	b_{n2}	…	1

计算判断矩阵的最大特征值 λ_{max} 及其对应的归一化特征向量，即权重向量 $W = (w_1, w_2, \cdots, w_n)^{\mathrm{T}}$，其分量 w_j 为相邻两层指标的单排序权重。为了检验 A-B 判断矩阵的一致性，还需进一步计算出一致性指标 CI 和随机一致性比率 CR：

$$CI = \frac{\lambda_{max} - n}{n - 1} \qquad (5-59)$$

$$CR = \frac{CI}{RI} \qquad (5-60)$$

式中，RI 为平均随机一致性指标，通过查表 5-6 可得。当随机一致性比率 $CR <$ 0.10 时，则认为 A-B 判断矩阵具有满意的一致性，否则需要重新对判断矩阵的指标的重要程度进行取值。

将最后一层各指标的权重依次乘上一层受控指标的相对权重，从而形成各指标对于总目标的绝对权重，通过逐层计算各层中的各个指标关于总目标层的相对重要性权重值，则所求得的指标权重值就是指标的最终权重。

表 5-6 平均随机一致性指标 RI 的取值

n	RI	n	RI
1	0	8	1.41
2	0	9	1.45
3	0.58	10	1.49
4	0.9	11	1.51
5	1.12	12	1.48
6	1.24	13	1.56
7	1.32	14	1.57

5.3.4 生态安全风险综合评估计算

综合考虑生态、灾害、脆弱性和污染指数等因素，提出河道型饮用水水源地生态安全风险值的计算公式为

$$R_G = \sum_{i=1}^{4} (P_i W_i) \qquad (5-61)$$

式中：R_G 为生态安全风险值；P_i 为第 i 个生态安全风险评估指数；W_i 为第 i 个生态安全风险评估指数权重值。

5.4 工程安全风险计算模型

根据河道型饮用水水源地工程安全风险因子识别和机理分析结果，水源地工程安全风险评估主要分析水源地取水工程损坏、岸边工程损坏和河道整体破坏导

致水源地不能正常取水的情况发生的概率。由于饮用水水源地工程安全风险主要受外部自然因素和自身结构耐用性等影响，本书经过简化，构建河道型饮用水水源地工程安全风险评估指标体系，对河道型饮用水水源地工程安全风险进行评估，综合计算工程安全风险率。

5.4.1 工程安全风险评估指标体系

根据工程安全风险因子识别结果，确定河道型饮用水水源地工程安全风险评估指标体系包括河道整体安全、取水工程安全和岸边工程安全 3 类指标，如图 5 - 8 所示。

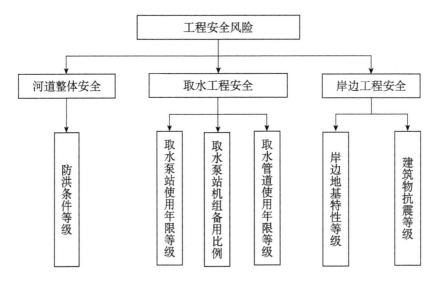

图 5 - 8 河道型饮用水水源地工程安全风险评估指标体系

5.4.2 工程安全风险评估指标计算

1）河道整体安全指标

河道整体安全是直接影响水源地取水安全的主要因素，根据风险因子识别结果，影响河道整体安全的主要因素有超标暴雨洪水和超强地质灾害，本书主要考虑河道的防洪条件情况，因此，选用防洪条件等级指标来表征河道整体安全状况。防洪条件等级评估标准分级见表 5 - 7，实际计算过程中可根据水源地所属河段进行调整。

表 5 - 7 防洪条件等级评估标准分级

风险指数	判断依据	定性评估
（0，1］	设计标准为 200 年一遇及以上，或不承担防洪任务	风险低
（1，2］	设计标准为 100 年一遇	风险较低

续表

风险指数	判断依据	定性评估
(2，3]	设计标准为50年一遇	风险中等
(3，4]	设计标准为20年一遇	风险较高
(4，5]	设计标准为20年一遇以下，或无确切水文设计标准	风险高

2）取水工程安全指标

取水工程安全是决定水源地取水量的主要因素，根据风险因子识别结果，影响取水工程安全的主要因素有取水泵站使用情况、取水泵站机组备用预留情况、取水管道耐用情况等，因此，本书选用取水泵站使用年限等级、取水泵站机组备用比例、取水管道使用年限等级3个指标来表征取水工程安全状况。取水工程安全评估标准分级见表5－8，实际计算过程中可根据泵站和管道情况进行调整。

（1）取水泵站使用年限等级。该指标表征水源地取水泵站设备的老化程度，判定泵站系统出现机械故障的可能性，可根据使用时间进行分级。

（2）取水泵站机组备用比例。该指标表征水源地取水泵站机组备用情况，表示在泵站系统内可能出现机组设备故障的可能性，对于泵站系统而言，其机组备用比例越高，该泵站系统发生不能满足取水需求的可能性越低。

（3）取水管道使用年限等级。该指标表征水源地取水管道的老化程度，判断取水管道出现损坏的可能性，可根据使用时间进行分级。

表5－8　取水工程安全评估标准分级

风险指数	取水泵站使用年限等级（年）	取水泵站机组备用比例（%）	取水管道使用年限等级（年）	定性评估
(0，1]	>20	>50	>20	风险低
(1，2]	15～20	25～50	15～20	风险较低
(2，3]	10～15	15～25	10～15	风险中等
(3，4]	5～10	5～10	5～10	风险较高
(4，5]	<5	<5	<5	风险高

3）岸边工程安全指标

岸边工程安全是决定能否顺利取水的主要因素，根据风险因子识别结果，影响岸边工程安全的主要因素有岸边地基稳定情况和建筑物稳定情况等，因此，本书针对拥有岸边工程的水源地选用岸边地基特性等级、建筑物抗震等级2个指标来表征岸边工程安全状况。岸边工程安全评估标准分级见表5－9，实际计算过程中可根据岸基和建筑物情况进行调整。

（1）岸边地基特性等级。该指标表征泵站地基的稳定情况，主要包括泵站地基所在持力层的类型及承载力情况、边坡稳定性情况、砂层承压水的影响、地基液化可能性 4 个因素。

（2）建筑物抗震等级。该指标表征岸边取水建筑物的抗震性能，主要适用于地震多发地区，其他地区可根据实际情况筛选使用该指标。

表 5-9 岸边工程安全评估标准分级

风险指数	岸边地基特性等级	建筑物抗震等级	定性评估
(0, 1]	采用天然地基，边坡稳定性好	抗震性能很强	风险低
(1, 2]	采用天然地基，边坡稳定性较好，承压水的影响较大	抗震性能较强	风险较低
(2, 3]	存在边坡稳定性较差和承压水的影响，地基承载力基本满足要求	抗震性能一般	风险中等
(3, 4]	地基承载力不足，边坡稳定性差，砂层承压水影响大，局部地基在设计烈度时具有液化的可能性	抗震性能较低	风险较高
(4, 5]	地基承载力不足，边坡稳定性太差，砂层承压水影响大，地基在设计烈度时具有液化的可能性，无工程补救措施	抗震性能非常低	风险高

5.4.3 工程安全风险综合评估计算

工程安全风险评估指标权重和综合评估计算模型参考 5.3.3、5.3.4 等节相关内容。

5.5 管控安全风险计算模型

根据河道型饮用水水源地管控安全风险因子识别和机理分析结果，水源地管控安全风险评估主要分析水源地管控系统在外界因素和自身设计缺陷影响下，导致水源地不能满足正常取水需求所发生的概率。由于饮用水水源地管控系统受设备自身及人类影响较大，其安全风险计算模型不易建立，而经过简化和各种假设建立起来的计算模型与实际有较大出入，因此，本书结合实际情况，采用专家多轮咨询法（Delfhi），建立水源地管控系统风险评估模型，综合计算管控安全风险率。

5.5.1 控制系统安全风险评估

河道型饮用水水源地控制系统安全风险主要是由系统自身设计故障、电力设备运行故障和人为操作故障引起的，因此，本书对系统设计运行风险、系统电力设备运行风险和人为因素致险风险进行定性分析评估。

1）系统设计运行风险

河道型饮用水水源地系统控制风险往往与设计质量缺陷有关：一方面源于系统运行功能设计缺陷，如系统运行负荷估计不足，影响系统控制效果；另一方面源于系统设备质量缺陷，如启闭设备、监测设备、电力设备等存在缺陷，影响系统控制效果。因此，本书从系统功能设计和系统设备质量两方面出发，对系统功能设计定义论域为 $\{A_1, A_2, A_3\}$，其中：A_1 描述为系统设计功能无缺陷，无运行事故出现；A_2 描述为系统设计功能存在微小缺陷，偶尔出现运行事故；A_3 描述为系统设计功能存在较大缺陷，多次出现运行事故。对系统设备质量定义论域为 $\{B_1, B_2, B_3\}$，其中：B_1 描述为系统设备质量优异，定期维护后，无运行事故出现；B_2 描述为系统设备质量一般，定期维护后，偶尔出现运行事故；B_3 描述为系统设备质量较差，定期维护后，多次出现运行事故。针对上述两个论域，对系统设计运行风险做组合论域 $\{A_1, B_1; A_1, B_2; A_2, B_1; A_2, B_2;$ 其他$\}$。系统设计运行风险评估见表 5－10。

表 5－10　河道型饮用水水源地系统设计运行风险评估

系统设计运行情况	发生概率	定性评估
$\{A_1, B_1\}$	0.000 001 ~ 0.0001	风险低
$\{A_1, B_2\}$	0.0001 ~ 0.01	风险较低
$\{A_2, B_1\}$	0.01 ~ 0.1	风险中等
$\{A_2, B_2\}$	0.1 ~ 0.5	风险较高
其他	0.5 ~ 0.99	风险高

2）系统电力设备运行风险

河道型饮用水水源地控制系统设备日常运行主要依靠电力设备供电，一旦电力设备发生故障，则容易引起控制系统运行事故。系统电力设备运行风险一方面源于电力设备负荷不能满足系统正常运行过程中的电力需求，另一方面源于备用电力设备应急供电能力不足。因此，本书从设备负荷和备用电源两方面出发，对电力设备负荷定义论域为 $\{A_1, A_2, A_3\}$。其中：A_1 描述为系统电力设备质量较好，满足最大负荷要求，无电力设备运行事故出现；A_2 描述为系统电力设备质量一般，基本满足最大负荷要求，偶尔出现电力设备运行事故；A_3 描述为系统电力设备质量较差，不能满足最大负荷要求，多次出现电力设备运行事故。对备用电力设备供电能力定义论域为 $\{B_1, B_2, B_3\}$。其中：B_1 描述为系统备用电力设备能够满足整个系统用电需求，且供电时间能够保障常规电力设备维护所需时间要求，无应急电力设备运行事故出现；B_2 描述为系统备用电力设备基本满足整个系统用电需求，且供电时间能够保障常规电力设备维护所需时间要求，偶尔出现应急电力设备运行事故；B_3 描述为系统备用电力设备不能满足整个系统用电需求，只能保障主要设备运行，多次出现应急电力设备运行事故。针对上述两个论域，对系统电力设备运行风险做组合论域 $\{A_1,B_1;A_1,B_2;A_2,B_1;A_2,B_2;$其他$\}$。系统电力设备运行风险评估见表 5 - 11。

表 5 - 11　河道型饮用水水源地系统电力设备运行风险评估

系统设计运行情况	发生概率	定性评估
$\{A_1,B_1\}$	0.000 001 ~ 0.0001	风险低
$\{A_1,B_2\}$	0.0001 ~ 0.01	风险较低
$\{A_2,B_1\}$	0.01 ~ 0.1	风险中等
$\{A_2,B_2\}$	0.1 ~ 0.5	风险较高
其他	0.5 ~ 0.99	风险高

3）人为因素致险风险

河道型饮用水水源地控制系统的另一个主要风险因素是人为因素，主要包括人为操作失误、专业技术缺乏和工作人员身体状况不良 3 个原因。人为操作失误主要是由于工作经验不足，专业技术缺乏主要是由于自身所学专业限制，工作人员身体状况不良主要是由于个人身体素质不同，这些因素均会影响水源地控制系统的正常运行。人为因素致险风险评估见表 5 - 12。

表 5 - 12　河道型饮用水水源地人为因素致险风险评估

风险指数	判断依据	发生概率	定性评估
(0，1]	①各领域技术人员经验丰富；②各领域技术人员储备齐全；③各领域工作人员身体优异	0.000 001 ~ 0.0001	风险低
(1，2]	①重要领域技术人员经验丰富，其他领域技术人员工龄为 5 年以上；②各领域技术人员储备基本齐全；③各领域工作人员身体良好	0.0001 ~ 0.01	风险较低
(2，3]	①重要领域技术人员工龄为 5 年以上，其他领域技术人员工龄为 2 ~ 5 年；②重要领域技术人员储备齐全，其他领域存在专业人员缺口；③各领域工作人员身体基本良好	0.01 ~ 0.1	风险中等
(3，4]	①各领域技术人员工龄为 2 ~ 5 年，工作经验一般；②各领域技术人员存在缺口；③各领域工作人员身体基本良好	0.1 ~ 0.5	风险较高
(4，5]	①各领域技术人员工龄小于 2 年，工作经验严重不足；②各领域技术人员存在较大缺口；③各领域工作人员身体在一定程度上不能满足工作需求	0.5 ~ 0.99	风险高

5.5.2　管理系统安全风险评估

河道型饮用水水源地管理系统安全风险往往与水源地管理部门的管理能力有关，由于水源地管理的特殊性，其量化工作比较困难，因此，采用定性评估对其安全风险进行评估，主要从管理部门设置、管理制度完善情况、应急管理能力和媒体信息发布的时效性和导向性等方面进行分析。管理系统安全风险评估见表 5 – 13。

表 5 – 13　河道型饮用水水源地管理系统安全风险评估

风险指数	判断依据	发生概率	定性评估
(0，1]	①管理部门各分项职能设置合理；②水源地各项管理制度制定完善；③水源地应急管理预案编制完善；④水源地安全信息发布及时且准确	0.000 001 ~ 0.0001	风险低
(1，2]	①管理部门各分项职能设置较为合理；②水源地各项管理制度制定较为完善；③水源地应急管理预案编制较为完善；④水源地安全信息发布较为及时且基本准确	0.0001 ~ 0.01	风险较低
(2，3]	①管理部门各分项职能设置基本合理；②水源地各项管理制度制定基本完善；③水源地应急管理预案编制基本完善；④水源地安全信息发布较为及时且基本准确	0.01 ~ 0.1	风险中等
(3，4]	①管理部门各分项职能设置存在缺陷；②水源地各项管理制度存在缺失；③水源地应急管理预案编制不够完善；④水源地安全信息发布不够及时且导向性一般	0.1 ~ 0.5	风险较高
(4，5]	①管理部门各分项职能设置存在较大缺陷；②水源地各项管理制度缺失较为严重；③无水源地应急管理预案；④水源地安全信息发布不够及时且导向性一般	0.5 ~ 0.99	风险高

第6章 饮用水水源地安全风险综合评估

风险是风险率与后果（损失）共同作用的结果，饮用水水源地安全风险管控是在对饮用水水源地的各类风险因素进行分析、识别、评估后，制定、选择和实施风险处理方案，用来控制不同风险带来的后果（损失）。针对前文各类风险计算方法，在不同安全风险发生概率的基础上，利用贝叶斯网络，建立河道型饮用水水源地综合评估模型，构建饮用水水源地安全风险管控框架，为饮用水水源地管理部门提供基础支撑。

河道型饮用水水源地安全风险包括水量安全风险、水质安全风险、生态安全风险、工程安全风险和管理安全风险，其综合风险评估也是多领域复合的过程，本书通过构建风险率计算模型来表征河道型饮用水水源地安全风险发生的概率，利用贝叶斯网络将前文分析计算的5类安全风险发生概率进行综合风险率计算，结合风险事件发生后引起的后果来综合评估河道型饮用水水源地安全风险。

6.1 风险率计算

1）风险评估标准

国内外关于系统安全风险率定性判定的研究从 20 世纪中叶就已经开始了。美国《系统安全设计规范》（MIL-STD-882C）（1993 年）对系统风险概率水平进行了公认的定性划分，共划分了 A、B、C、D、E 五个级别，分别对应的定性概率（X）水平为几乎不能（$X \leqslant 10^{-6}$）、很少（$10^{-6} < X \leqslant 10^{-3}$）、偶尔（$10^{-3} < X \leqslant 10^{-2}$）、可能（$10^{-2} < X \leqslant 10^{-1}$）、频繁（$X > 10^{-1}$）。在国内，水利工程系统风险评估中，一般将风险概率等级也划分为极有可能发生（概率：0.5 ~ 0.99）、有可能发生（概率：0.1 ~ 0.5）、基本不可能发生（概率：0.01 ~ 0.1）、不可能发生（概率：0.0001 ~ 0.01）、极不可能发生（概率：0.000 01 ~ 0.0001）五个等级，并根据各种风险影响因素制定风险分级判断的依据。本书根据所求风险概率值，将风险等级分为5级，见表6-1。

表6-1　系统运行风险率评估基准

风险评估	等级取值	发生概率	发生频率	定性描述
小	$(0,1]$	0.000 001～0.0001	罕见	风险低,很难发生
较小	$(1,2]$	0.0001～0.01	可能	风险较低,不太可能发生
中等	$(2,3]$	0.01～0.1	偶尔	风险中等,会偶尔发生
较大	$(3,4]$	0.1～0.5	多次	风险较高,会多次发生
大	$(4,5]$	0.5～0.99	频繁	风险高,会频繁发生

2) 风险率计算方法

本书采用贝叶斯网络建立饮用水水源地安全风险率计算模型。贝叶斯网络是一个有向无环网,根据贝叶斯网络结构及其节点的条件概率表,在已知结构节点取值的情况下,计算目标节点概率分布,如图6-1所示。

目标节点概率分布采用贝叶斯网络推理进行求解,贝叶斯网络推理就是根据已建好的贝叶斯网络结构及子节点条件概率（CPT）表,计算所需要节点的概率分布。贝叶斯网络的节点之间没有明确的输入、输出界限。各因子之间的因果关系强弱是由对应的每个节点的条件概率来反映。已知两个条件概率为 $P(X_1 = x_1)$ 和 $P(X_2 = x_2)$,则按照乘法法则

$$P(X_1 = x_1 | X_2 = x_2) = \frac{P(X_1 = x_1)P(X_2 = x_2 | X_1 = x_1)}{P(X_2 = x_2)} \quad (6-1)$$

式中, $P(X_1 = x_1)$ 为先验概率, $P(X_1 = x_1 | X_2 = x_2)$ 为后验概率。

假设网络中的变量为 $X_1, X_2, \cdots, X_n$,那么把各变量所附的条件概率分布相乘就得到联合分布,即

$$P(X_1, X_2, \cdots, X_n) = \prod_{i=1}^{n} P[X_i | \pi(X_i)] \quad (6-2)$$

式中, $\pi(X_i) = \Phi$ 时, $P[X_i | \pi(X_i)]$ 则为边缘分布 $P(X_i)$。

本书拟采用 GeNie 软件进行模拟,GeNie 软件是基于联合树推理算法构建图形决策理论模型。1988 年 Lauritzen 和 Spiegelhalter 提出联合树算法（junction tree algorithm）,该算法是将贝叶斯网络转化为联合树,通过消息传递将消息传遍树上的每个节点,最终获得一致性。此时,节点的能量函数就是该节点包含的所有变量的分布函数。根据消息传递方案的不同,可将联合树算法分为 Shenoy-Shafer 算法和 Hugin 算法。这两种算法各有优点,Hugin 算法由于避免了一些冗余计算,速度更快,而 Shenoy-Shafer 算法能有效解决更多推理问题。Park 和 Darwiche 综合这两种算法的优点,对联合树算法进行了改进,大大提高了算法效率。

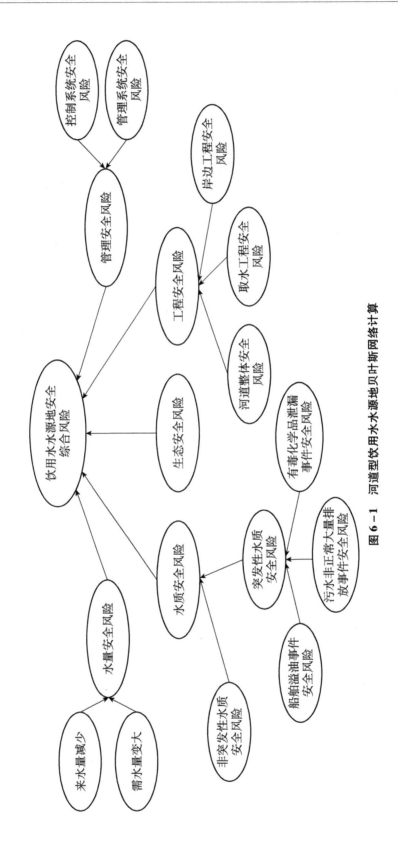

图 6-1 河道型饮用水水源地贝叶斯网络计算

6.2　后果计算

当河道型饮用水水源地安全风险事件发生后，引起的潜在后果是多种多样的，并且通常与危害事件的特点、发生的地点等有着很大的关系。通常，后果可以通过人员损失、生态环境质量损失及经济损失等各类形式进行评估计算，不同种类的损失可以采用不同的表达形式，如图6-2所示。

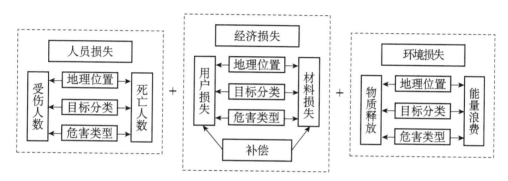

图6-2　河道型饮用水水源地不同后果引起损失的表达形式

人员损失主要包括水源地水质污染导致饮水人员伤亡、工程设备故障导致人员伤亡等，人员损失的计量通常用伤亡人员的数量来表示，也可以根据实际情况按照一定折算标准将其用具体经济数量进行表示。经济损失主要包括安全事件发生后的抢修费用、水厂损失等，可用直接经济损失和间接社会损失来表征。直接经济损失采用水厂因安全事件停止供水所损失的经济利益来表示；间接社会损失则很难定量表示，可根据专家咨询意见进行估算。环境损失主要为各类安全事件发生后对生态环境的影响，不同类型安全风险事件对生态环境损害程度在时间和空间上的影响很难准确计量，较难进行计算。因此，本书主要考虑两个方面的损失：一是水厂由于停止供水造成的直接经济损失，二是由于停止供水或饮用受污染的水导致人员伤亡等引发的社会性恐慌造成的间接社会损失。

本书开展安全风险评估的目的在于分析风险的相对大小，因此通过对水量安全风险损失、水质安全风险损失、生态安全风险损失、工程安全风险损失和管控安全风险损失分别进行计算，综合评估安全风险事件发生后产生的综合损失。本书采用线性叠加的方式进行计算：

$$C_{\mathrm{L}} = \sum_{i=1}^{5} (\omega_i L_i), \quad L_i = \sum_{j=1}^{3} DL_j \qquad (6-3)$$

式中：C_{L} 为综合损失；ω_i 为第 i 类事件的权重；L_i 为第 i 类事件的损失；DL_j 为第 i 类事件的第 j 项损失。

结合国内外安全风险事件后果等级划分标准，以及河道型饮用水水源地安全风险后果损失可能情况，建立河道型饮用水水源地安全风险事件后果评估基准，见表6-2。

表6-2　河道型饮用水水源地安全风险事件后果评估基准

后果程度	事故类型	等级取值	定性描述
轻微	小事件（Ⅰ）	(0，1]	水源地几乎不受影响，几乎不影响社会经济发展稳定、生态环境健康
较轻	一般事件（Ⅱ）	(1，2]	水源地受到较小影响，能较快恢复，轻微影响社会经济发展稳定、生态环境健康
中等	较大事件（Ⅲ）	(2，3]	水源地受到一定影响，能在较短时期内恢复，一定程度上影响到社会经济发展稳定、生态环境健康
重大	重大事件（Ⅳ）	(3，4]	水源地受到较大影响，短期内不能恢复，较大程度上影响社会经济发展稳定、生态环境健康
灾难	特别重大事件（Ⅴ）	(4，5]	水源地受到剧烈影响，发生人员伤亡事件，严重影响社会经济发展稳定、生态环境健康

6.3　风险等级

　　根据关于风险的各种定义，风险是指不利事件发生的可能性与不利事件引起的损失二者之间的乘积。风险率是不利事件发生的可能性，风险后果是不利事件引起的损失，二者物理基础不同，评估标准没有关联性。因此，本书采用风险投影图法评估河道型饮用水水源地安全风险等级。风险投影图的横坐标为不利事件发生的概率等级，坐标度为 (0，5]，概率等级越高，该不利事件发生的可能性越高；风险投影图的纵坐标为不利事件发生后所引起的后果（损失），坐标度为 (0，5]，损失等级越高，该不利事件发生后所造成的后果（损失）越严重。采取投影法，既考虑不利事件发生的可能性，也能兼顾不利事件发生时所造成的后果（损失）程度。风险投影示意图见图6-3。

　　根据河道型饮用水水源地风险率等级和后果等级的不同组合，并结合相关专家意见，划定综合风险评估标准，本书将河道型饮用水水源地安全风险等级划分为高、较高、中、较低、低5类，具体评级标准见表6-3。根据风险率等级和后果等级分析结果，将其在图6-3上进行投影，可以得到河道型饮用水水源地安全综合风险等级，不同等级的可接受程度描述见表6-4。

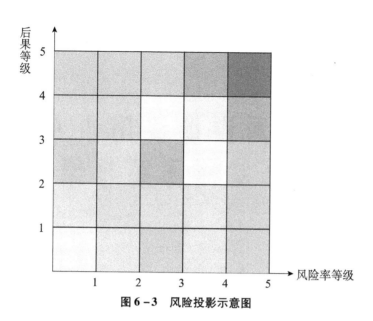

图 6-3　风险投影示意图

表 6-3　河道型饮用水水源地安全风险综合评估等级标准

后果等级	风险率等级			
	(4, 5]	(3, 4]	(2, 3]	(1, 2]
(4, 5]	风险高	风险较高	风险较高	风险中等
(3, 4]	风险较高	风险较高	风险中等	风险较低
(2, 3]	风险中等	风险中等	风险较低	
(1, 2]	风险较低	风险较低	风险低，基本无影响	

表 6-4　河道型饮用水水源地安全风险等级可接受程度描述

风险等级	可接受程度
高	不能接受，应尽快改善使风险等级下降至3或3以下
较高	难以接受，应在合理期限内改善，使风险等级下降至3或3以下
中	可接受，存在适当的控制与保护
较低	接受现状，无须采用附加措施
低	无影响

第7章 河道型饮用水水源地安全监测体系框架

7.1 饮用水水源地水体安全监测

从我国目前有关饮用水水源地水体安全的标准的现状来看，水源地水体监测的内容分布在各个不同部门颁布的标准中。如对河道型饮用水水源地监测项目的标准主要参考《地表水环境质量标准》（GB 3838—2002），监测时段、采样地点规范等内容主要集中在《地表水和污水监测技术规范》中。因此，本书根据这些标准，主要从水源地类型、水质监测类型、监测项目、取样时段及监测频率等方面对水体安全监测的内容进行梳理。饮用水水源地水体安全监测总体结构见图7-1。

7.1.1 常规监测

《生活饮用水卫生标准》（GB 5749—2006）适用于各类集中式供水的生活饮用水，也适用于分散式供水的生活饮用水，其规定了生活饮用水水质卫生要求、生活饮用水水源水质卫生要求、集中式供水单位卫生要求、二次供水卫生要求、分散式供水卫生要求。

集中式供水是指自水源集中取水，通过输配水管网送到用户或者公共取水点的供水方式，包括自建设施供水。为用户提供日常饮用水的供水站和为公共场所、居民社区提供的分质供水也属于集中式供水。

二次供水是指集中式供水在入户之前经再度储存、加压和消毒或深度处理，通过管道或容器输送给用户的供水方式。

小型集中式供水是指农村日供水量在1000m³以下（或供水人口在1万人以下）的集中式供水。

分散式供水是指用户直接从水源取水，未经任何设施或仅有简易设施的供水方式。

饮用水的采样点设置应有代表性，应分别设在水源取水口、集中式供水单位

监测类型	常规监测			应急监测
水源地类型	地表水		地下水	
监测项目	常规项目剧毒、"三致"有毒化学品（选测、必测）	常规项目（选测、必测）	《生活饮用水卫生标准》《生活饮用水卫生规范》规定的其他项目	根据污染物类型选取监测项目
监测频率	每月至少一次		每月至少一次	密集采样监测
监测频率调整	如果连续三年未检出，且在断面附近确实无新增排放源，而现有污染源排污量未增加的情况下，每年可采样一次进行测定。一旦检出，或在断面附近有新的排放源或现有污染源新增排污量时，即恢复正常采样		如果连续两年均低于控制标准值的1/5，且在监测井附近确实无新增污染源，而现有污染源排污量未增加的情况下，该项目可每年在枯水期采样1次进行监测。一旦监测结果大于控制标准值的1/5，或在监测井附近有新的污染源或现有污染源新增排污量时，即恢复正常采样频率	监测浓度达到标准水平后，停止应急监测

图 7-1　饮用水水源地水体安全监测总体结构

出水口和居民经常用水点处。一般按供水人口每 5 万人设 1 个监测点，但每一集中式供水单位供水范围内不应少于 8 个监测点（含二次供水），供水人口在 100 万人以上时，可酌量减少。小型集中式供水单位水源水、出厂水、管网末梢水、二次供水的各环节均应设采样点，各环节不应少于 1 个监测点。在全部采样点中，应有一定的点数选在水质易受污染的地点和管网系统陈旧部位。

管道直饮水水质监测以每个独立供水系统为单位，分别在原水、成品水、用户点、回流（折返）处设采样点。小于 500 个用户设置 2 个用户采样点，500～2000 个用户时每增加 500 个用户相应增加 1 个采样点，大于 2000 个用户时每增加 1000 个用户相应增加 1 个采样点。用户点应选取管道最不利点和分区域供水点。

分散式供水可根据需要设置采样点。

具体的监测点还应考虑以下原则：人口集中或流动性较大的地点；能代表主要的不同类型饮用水源和供水人群；能反映环境污染对饮用水水质的影响；兼顾本市的社区卫生服务示范点；包括辖区内不同的地方经济发展水平；相对固定，能长期进行监测。

修订后的《生活饮用水卫生标准》（GB 5749—2006），其水质指标由修订前的 35 项增加至 106 项，指标分为常规指标和非常规指标，其中，常规指标 42 项，非常规指标 64 项。常规指标是指能反映生活饮用水水质基本状况的水质指标，非常规指标是指根据地区、时间或特殊情况需要监测的生活饮用水水质指标。非常规指标项目主要是考虑到我国地域广大，经济发展及水域污染程度差别较大，可能存在的污染物种类多。因此，要根据当地具体情况选择相关的非常规指标作为监测项目，并可根据监测结果将非常规指标中常见的或者经常检出的有害物质作为常规监测项目，也可将常规指标中当地不常见的或检出率较低的有害物质作为非常规监测项目。

7.1.2 应急监测

近年来，我国突发水污染事故层出不穷，给居民饮用水安全带来隐患，尤其是 2005 年松花江水体污染事故及 2007 年太湖蓝藻的暴发，使人民群众的生活受到严重干扰。2009 年以来，又相继发生了江苏省盐城饮用水水源酚污染、广东省韶关市水源水华暴发等事件，对饮用水安全构成了很大威胁。这些重大污染事件说明，由于布局性的环境隐患和结构性的环境风险，在今后很长时期内我国突发性水污染事件的高发态势仍将继续存在。尽管在《地表水和污水监测技术规范》等标准中对应急监测的内容进行了一些规定，但仍需要针对水源地开展突发性污染事故监测工作。

由于饮用水水源地污染事故具有突发性及其污染物的不可预知性，导致其污染类型、发生环节、污染成分及危害程度千差万别，无法采用统一的固定监测方法进行监测。只有与现场实际相结合，根据现场污染状况及平时收集的附近各类潜在污染源的情况，确定可操作性强的监测方案，才能快速有效地监测出所需要的污染物指标，从而为应急部门采取切实有效的应对措施提供技术依据。

1）分类

饮用水水源与人类健康密切相关，因此，一旦发生突发性饮用水水源地污染事件，首要问题是及时判断该饮用水水源是否受到污染，是否仍然能够继续作为饮用水水源。故监测站在收到消息后第一时间应迅速启动一级监测手段，在数分钟内就要判断出是否需要停止该饮用水源的使用，确保生命健康安全。然后才是根据现场调查及周边污染源环境调查与监测，启动二级监测手段，在一级监测的基础上采用定量、半定量的方法确定污染物的具体类型，如确定是无机污染物还是有机污染物，并对其进行毒性分类，通过各种监测方法，确认毒性物质的种类是生物毒素还是有机物污染物中的有机磷、聚酯类、有机氯、重金属等，通常应在 1 天内完成。通过确定污染物种类可以在短时间内采取有效的应急措施，尽量减少污染造成的影响。基本确定了污染物类型之后，就可启动三级监测，即具体定量监测，根据二级监测确定的污染物类型，有针对性地选择污染物种类，使用标准方法对其进行实验室定量分析，准确测定其含量，判定污染的级别和程度。

2）应急监测方案

在接到突发性污染事故报告后，应迅速启动应急监测方案，配备必要的应急监测设备到达现场展开应急监测工作。对于已知污染源及污染物可直接测定该污染源污染物在水环境中的浓度,工作最为简单;对于已知污染源、未知污染物的情况,可以从了解原材料入手,列出可能产生的污染物,进行监测分析;对于已知污染物、未知污染源或未知污染源和污染物的情况,最快捷的方法是根据受污染河流的地理环境和周围、沿岸社会环境以及工矿企业布局全面布设点进行排查和监测。

对于河道型饮用水水源地,监测应在事故发生地上游,根据上游沿岸企业分布情况,选择采样。

3) 监测频次

污染物进入水体后,在经过稀释、扩散、降解和沉降等自然作用以及应急处理后,其浓度会逐渐降低。为了掌握事故发生后的污染程度、范围及变化趋势,常需要进行实时连续的跟踪监测,对于确认突发性饮用水水源地污染事故影响的结束,宣布应急响应行动的终止具有重要意义。因此,应急监测全过程应在事发、事中和事后等不同阶段予以体现,但各阶段的监测频次不尽相同。原则上,采样频次主要根据现场污染状况确定。事故刚发生时,可适当加密采样频次(15min 左右 1 次),待摸清污染物变化规律后,可减少采样频次(每隔 0.5h 或 1h 采样 1次)。在跟踪调查阶段,应每天监测 1 次,直至应急监测结束。

4) 监测项目的选择

监测项目的确定可根据已知污染物和未知污染物两类进行分析。对于已知污染源的突发性饮用水水源地污染物的监测项目可根据污染源种类进行选择。突发性饮用水水源地污染事故由于其发生的突然性、形式的多样性、成分的复杂性,在很大程度上均属于未知污染源污染事件,这就决定了应急监测项目往往一时难以确定。实际上,除非对污染事故的起因及污染成分有初步了解,否则要尽快确定应监测的污染物。首先,可根据事故的性质(泄漏、流入、非正常排放、投毒等)、现场调查情况(危险源资料,现场人员提供的背景资料,污染物的气味、颜色,人员与动植物的中毒反应等),初步确定应监测的污染物。其次,可利用检测试纸、快速检测管、便携式检测仪等分析手段,确定应监测的污染物。最后,可快速采集样品,送至实验室分析确定应监测的污染物。有时,这几种方法可同时采用,结合平时工作积累的经验,经过对获得信息的系统综合分析,得出正确的结论。最重要的是,现场需确定水源是否可以继续作为饮用水水源。

7.2　饮用水水源地人类活动监测

对河道型饮用水水源地,着重针对流动源、固定源和面源,根据各类型的不同特点,确定监测的重点。

针对保护区范围内流动源,主要是公路、铁路、河道、交叉桥梁等交通运输道路分布情况及采取的保护措施、运输的物品等进行监测和监控。应当提请政府组织公安、交通、安检等部门对流动源进行有效管理。应责令流动源单位落实专业运输车辆、船舶和运输人员的资质要求和应急培训；运输工具应安装卫星定位装置，并根据运输物品的危险性采取相应的安全防护措施，配备必要的防护用品和应急救援器材。必要时可以限制车辆的运输路线和运输时段，严禁非法倾倒污染物。定期对流量、来往车辆装运的货物种类、翻车泄漏等事故的频率等情况进行监测统计。

针对保护区范围内固定源，主要包括造纸、纺织、煤炭采选、非金属矿物制品、石油化工及食品加工等高污染厂企等，应按照《危险化学品安全管理条例》《中华人民共和国石油天然气管道保护法》等要求，定期对固定源的生产工艺、危险化学品管理、废水处置等重点环节进行排查。在了解其厂址位置、主要产品、生产工艺、排污口设置的基础上，采用电子监控手段，对企业排放污染物的种类、数量、浓度、时间、频率等信息进行定期实时监测。

针对保护区范围内面源，主要包括保护区范围内的重金属等高污染矿、垃圾填埋场、畜禽养殖场、杀虫剂/化肥/石油储存和转运地的布设情况，以及娱乐旅游设施（如高尔夫球场、水上旅游区、农家乐等）。重点监测尾矿、垃圾填埋场废液、畜禽养殖面源污染、杀虫剂/化肥/石油渗漏随降雨入渗的运移情况，以及监测重金属污染物入江（河、库）量、污染物排放口的设置及污染物浓度、种类等。针对娱乐旅游设施，根据各旅游设施的性质，进行有选择性的监测，根据《中华人民共和国水污染防治法》规定，在饮用水水源地一级、二级保护区内，不得从事旅游等可能污染饮用水水体的活动，因此，在对已建的旅游设施限期拆除的基础上，对准保护区内的旅游设施产生的入江（河、库）污染物量进行监测。针对高尔夫球场设施，重点监测化肥、杀菌剂、杀虫剂等污染物入渗量或入江（河、库）量。

7.3 饮用水水源地安全监测体系框架

饮用水水源地的安全状况直接关系人民的日常生活，对其开展水体和陆域的监测是十分重要的。水体和陆域的监测涉及多个部门、多项工作，建议在水利部主导下，以全国确定的 175 个重点饮用水水源地为试点，构建多部门合作、多方信息共享的饮用水水源地监测体系，并逐步形成部门联动的监测预警机制。

充分考虑饮用水水源地管理和保护的基本要求，既要实时监测水源地的水质、水量的时空变化和动态变化，又要与水功能区划成果相联系。以现有的水文站网为基础，在同以往站网规划相衔接和协调的基础上，规划站网设置，同时进行水质、水量监测，做到量、质结合。

针对饮用水水源地的水体安全和人类活动安全，构建水体监测和人类活动监测相结合、常规监测和应急监测相结合、土地利用和人类活动及地质灾害监测相结合的监测体系，总体框架见图 7 - 2。

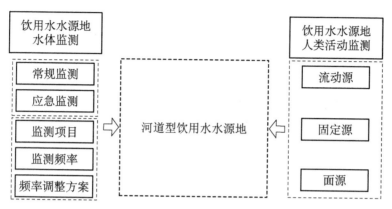

图 7 - 2　河道型饮用水水源地安全监测体系框架

第8章 案例应用

黄浦江上游饮用水水源地作为上海市的主要供水水源地，位于一个具有开放性、流动性和多功能性的区域，因此，本书选取上海市黄浦江上游饮用水水源地作为典型水源地进行风险评估研究，对提高上海市供水安全保障能力具有积极意义，而且对开展饮用水水源地安全管控具有很好的参考价值。

8.1 基本情况

8.1.1 上海市基本情况

上海位于北纬31°14′、东经121°29′，地处太平洋西岸、亚洲大陆东沿、长江三角洲前缘、太湖流域下游。东濒东海，南临杭州湾，西接江苏、浙江两省，北接长江入海口，长江与东海在此连接。2013年末，全市土地面积为6340.5 km^2，占全国总面积的0.06%，其中水域面积642.7 km^2，下辖16个区、1个县，共108个镇、2个乡、98个街道办事处、4024个居民委员会和1610个村民委员会。上海属东亚副热带季风性气候，四季分明，日照充分，雨量充沛；冬季盛行西北风，寒冷干燥；夏季多东南风，暖热湿润；多年平均气温17.5℃，多年平均降水量1089.8mm，多年平均地表径流量24.34亿 m^3，多年平均过境水资源总量9441.6亿 m^3。2013年，全市年平均降水量1020.8mm，地表径流量22.77亿 m^3，浅层地下水资源量8.21亿 m^3。

上海地处太湖流域平原感潮河网地区，河流主要属黄浦江水系，纵横交错，水量充足。黄浦江上连太湖及其流域，下通长江口，干流贯穿全市陆域，干、支流及人工河道组成了上海河网；位于长江流域的"湖口以下干流"水资源二级区的崇明、长兴、横沙三个岛屿的河流自成体系。根据全国第一次水利普查结果，全市共有河流26 603条，总长度25 348.48km（不包括流经上海的长江江段的181.80km），总面积527.84 km^2；共有湖泊（含人工水体）692个，总面积

91.36km²；天然湖泊主要分布在与江苏、浙江交界的青浦区西部，淀山湖是上海最大的天然湖泊。

目前，上海市拥有黄浦江上游饮用水水源地和长江口陈行饮用水水源地 2 个大型水源地，以及嘉定墅沟水源地、浦东川杨河水源地、南汇大治河水源地、崇明南横引河水源地、其他内河分散水源地和地下水分散水源地等小型水源地。其中，黄浦江上游饮用水水源地设计供水量为 23.18 亿 m³/a，占总设计供水量的 61.5%，是上海市的主要供水水源地，因此，以黄浦江上游水源地作为典型研究区域，对保障上海市供水安全具有重要意义。

8.1.2 黄浦江基本情况

黄浦江为上海市最大河流，贯穿整个上海地区，途经青浦、松江、闵行、奉贤、徐汇、卢湾、黄浦、虹口、杨浦、浦东新区、宝山 11 个区，自吴淞口入长江口，沿岸有 50 余条支流，从西、北岸汇入的主要支流有油墩港、淀浦河、苏州河、蕴藻浜等，从东、南岸汇入的有紫石泾、金汇港、大治河、川杨河等，全长113.4km，流域面积约 2.4 万 km²。黄浦江属湖源型感潮河流，受长江口非正规半日潮影响，一个太阴日内出现两次高潮位和两次低潮位，上游米市渡多年平均高潮位 2.75m，多年平均低潮位 1.72m，在潮流和径流两股水流动力作用下，呈现出复杂多样的水文特征。黄浦江多年平均净泄流量为 318m³/s，多年平均产流量为22.12 亿 m³。黄浦江上游水体含沙量很少，河床相当稳定，但下游受长江来沙影响，含沙量稍高，河口有"洪淤枯冲"现象。

黄浦江上游来水主要分为三支：①斜塘—泖河（接太浦河）—拦路港—淀山湖；②园泄泾—大蒸港（接浙江省红旗塘）；③大泖港，下分为泖港—秀州塘及掘石港—胥浦塘（接浙江省上海塘）。三支承泄太湖、江苏淀泖地区、浙江杭嘉湖地区大部分来水，在米市渡以上汇合成为黄浦江干流。黄浦江三大支流来水以斜塘居多，园泄泾次之，大泖港最少，而斜塘来水又主要源自太浦河，拦路港所占份额相对较小。

黄浦江上游饮用水水源保护区总面积为 1058km²，其中一级保护区范围为取水口上、下游各 1000m，陆域纵深 100m；二级保护区范围由淀山湖、太浦河沪苏交界处向下至拦路港、泖河、斜塘直至黄浦江奉浦大桥，陆域纵深 1000m；二级区以外至原上游水源保护区界为准水源保护区。

8.2 水量安全风险评估

黄浦江上游干流饮用水水源地拥有太浦河原水取水口、松江斜塘原水取水口、金山黄浦江原水取水口和松浦大桥原水取水口 4 个取水口，分布有泖甸、练塘、米市渡 3 个水文站，本书针对上海市主要供水水源取水口——松浦大桥原水取水口进行分析。因此，选取黄浦江上游具有代表性的米市渡水文站长系列来水月径流量进行模拟分析，计算上游来水量减少风险；然后根据上海市未来经济社会发展状况，计算供水区需水量增大风险；最后，根据上游来水量模拟结果和水源地供水区需水量分析结果，综合计算黄浦江上游饮用水水源地水量安全综合风险。

8.2.1 来水量减少风险计算

黄浦江多年平均净泄流量为 $318m^3/s$，丰枯水年平均净泄流量为 $200 \sim 450m^3/s$。年内变化相对稳定，年内最大流量发生在 12 月，约 $377m^3/s$，最小流量发生在 8 月，约 $273m^3/s$。丰水年（保证率为 20%）来水量高达 132.1 亿 m^3，特枯水年（保证率为 95%）来水量达 58.7 亿 m^3。本书采用 SWAT 模型进行黄浦江上游饮用水水源地月径流量模拟计算，选择米市渡水文站作为典型代表水文站，以月为模拟步长，采用 1970 ~ 1971 年为模型预热期，1972 ~ 1991 年为模型率定期，1992 ~ 2001 年为模型检验期，对黄浦江上游饮用水水源地米市渡站 1972 ~ 2001 年的月径流进行模拟。模拟结果显示，除个别年份出现相对明显偏差，其余年份拟合效果均较好，如图 8 -1、图 8 -2 所示。

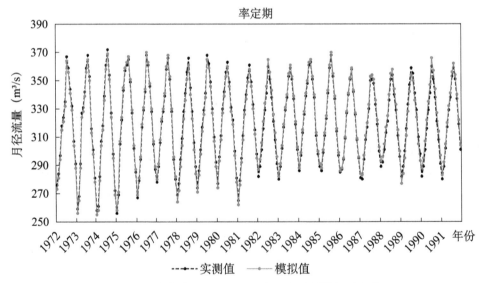

图 8 -1　米市渡站 1972 ~ 1991 年月径流量模拟过程线

8.2.2 需水量增大风险计算

黄浦江上游饮用水水源地设计供水量为 635 万 m^3/d，根据上海市供水规划修编最新情况和区内规划水厂分布，结合黄浦江上游饮用水水源地原水工程现状，

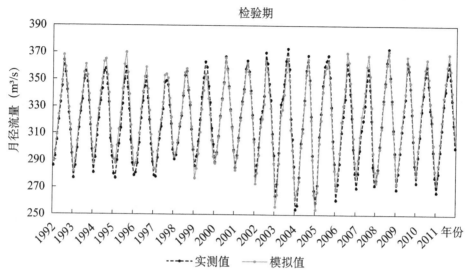

图 8-2　米市渡站 1992～2001 年月径流量模拟过程线

同时考虑 10% 的不可预见水量，黄浦江上游饮用水水源地原水系统在 2020 年的规划供水总规模压缩至 475 万 m³/d，黄浦江上游饮用水水源地各取水口具体水量分配如表 8-1 所示。

表 8-1　2020 年黄浦江上游饮用水水源地原水系统规划需求规模

取水口名称	取水规模（万 m³/d）
太浦河原水取水口	75
松江斜塘原水取水口	80
金山黄浦江原水取水口	85
松浦大桥原水取水口	195
不可预见水量（10%）	40
合计	475

按照《全国水资源保护规划技术大纲》和《河湖生态环境需水计算规范》，黄浦江上游松浦大桥断面生态需水量为 81.2 亿 m³，生态基流约 259m³/s，其中汛期、非汛期和全年的生态基流分别为 105.4m³/s、118.5m³/s 和 114m³/s。考虑黄浦江生态用水需求，黄浦江最大供水规模为 500 万 m³/d。因此，黄浦江上游饮用水水源地原水取用规模按最大为 500 万 m³/d 进行控制。根据《上海市总体规划 1999—2020》的预计，到 2020 年上海市户籍人口达到 1600 万人，常住人口达到 2500 万人，人均日生活用水量为 450L。其中黄浦江上游饮用水水源地原水系统服务人口约 950 万人，按照上述生活用水标准，黄浦江上游饮用水水源地原水系统供水规模为 427.5 万 m³/d，低于规划需求规模和最大供水规模。

对 1972～2001 年月需水量进行 kernel 估计，核函数 $K(t)$ 选择正态分布函数，在每个样本处利用核函数进行该处的密度估计，然后样本间进行插值得到连续的估计密度曲线。抽样年份需水量拟合曲线如图 8-3 所示。

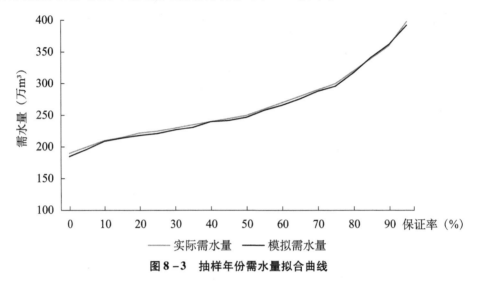

图 8-3　抽样年份需水量拟合曲线

8.2.3　水量安全综合风险

由上述分析计算得到的黄浦江上游饮用水水源地米市渡站月径流量和水源地供水需求，根据 5.1.3 节中计算方法，计算得出黄浦江上游饮用水水源地水量安全综合风险为 0.004 12。

8.3　水质安全风险评估

8.3.1　非突发性水质安全风险

黄浦江水系处于太湖流域的最下游，太湖流域来水将直接影响黄浦江上游饮用水水源地水质安全。本书从水质常规五参数、有机污染物指标和主要超标污染物指标中选取溶解氧、高锰酸盐指数（$KMnO_4$）、氨氮（$NH_3\text{-}N$）和总磷（P）4 项指标来进行分析。其中，溶解氧是衡量水体自净能力的重要标志，高锰酸盐指数是作为地表水体有机污染程度的综合指标，氨氮是水体中主要的耗氧污染物，总磷是水体富营养化的主要指标。根据《地表水环境质量标准》（GB 3838—2002），Ⅱ类水中溶解氧、高锰酸盐指数、氨氮和总磷的标准限值分别为 $\geqslant 6\text{mg/L}$、$\leqslant 4\text{mg/L}$、$\leqslant 0.5\text{mg/L}$、$\leqslant 0.1\text{mg/L}$。本书选取黄浦江上游松浦大桥断面和淀峰断面作为监测断面，监测数据选用 2010～2014 年水质监测数据，如表 8-2 和表 8-3 所示。

表 8 - 2　黄浦江上游松浦大桥断面 2010 ~ 2014 年逐月水质类别

年份	1 月	2 月	3 月	4 月	5 月	6 月	7 月	8 月	9 月	10 月	11 月	12 月
2010	III	III	III	IV	III	III	IV	IV	III	III	III	II
2011	III	III	III	IV	IV	V	IV	IV	III	III	III	IV
2012	III	III	III	IV	V	V	IV	IV	III	III	III	IV
2013	V	IV	IV	IV	III	IV	V +	IV	IV	V	IV	V
2014	V +	V +	IV	III	IV	IV	V	IV	IV	III	III	III

表 8 - 3　黄浦江上游淀峰断面 2010 ~ 2014 年逐月水质类别

年份	1 月	2 月	3 月	4 月	5 月	6 月	7 月	8 月	9 月	10 月	11 月	12 月
2010	III	III	III	III	III	II	III	III	III	III	III	II
2011	III	III	III	III	IV	III	III	IV	III	III	III	III
2012	III	III	III	III	III	III	III	III	III	III	III	III
2013	IV	IV	IV	IV	III	IV	III	IV	IV	III	III	IV
2014	IV	IV	IV	IV	IV	IV	IV	IV	IV	III	III	III

　　监测数据显示：黄浦江上游饮用水水源地松浦大桥监测断面溶解氧在 3.85 ~ 5.12mg/L 之间，处于 III ~ IV 类水标准限值；高锰酸盐指数在 5.13 ~ 5.79mg/L 之间，处于 II ~ III 类水标准限值；氨氮在 1.37 ~ 1.59mg/L 之间，处于 III ~ IV 类水标准限值；总磷在 0.12 ~ 0.16mg/L 之间，处于 II ~ III 类水标准限值。淀峰监测断面溶解氧在 6.00mg/L 以上，处于 II 类水标准限值；高锰酸盐指数在 4.85 ~ 5.39mg/L 之间，处于 II ~ III 类水标准限值；氨氮在 1.02 ~ 1.49mg/L 之间，处于 III ~ IV 类水标准限值；总磷在 0.10 ~ 0.15mg/L 之间，处于 II ~ III 类水标准限值。因此，黄浦江上游饮用水水源地溶解氧和氨氮基本能够维持在 III 类水标准左右，高锰酸盐指数和总磷基本能够维持在 II 类水标准左右。但是由于淀山湖来水的高锰酸盐指数和总磷含量在夏季增大，以及黄浦江上游河道沿线污水排放量的增加，严重影响了黄浦江上游饮用水水源地水质。

　　根据 5.2.1 节中非突发性水质安全风险计算方法，得出黄浦江上游饮用水水源地 4 类指标的水质污染概率，如表 8 - 4 所示。

表 8 - 4　黄浦江上游饮用水水源地 4 类指标水质污染概率

项目	均值 μ	方差 σ	a	b	k	m	风险值
溶解氧	3.671	2.040	2.13	2.16	0.51	1	0.0364
$KMnO_4$	2.193	0.690	0.62	0.65	0.31	1	0.0012
$NH_3\text{-}N$	0.426	0.020	- 0.41	- 0.02	- 1	- 1	0.0085
P	0.237	0.010	- 0.28	- 0.01	- 1	- 1	0.0073
综合风险值							0.0158

由表 8 - 4 可以看出,黄浦江上游饮用水水源地非突发性水质安全风险值为 0.0158,其风险综合评估为风险中等,会偶尔发生。主要原因为黄浦江水源地承接上游的淀山湖和省界来水,会产生各种污染。

8.3.2 船舶溢油事件安全风险

黄浦江作为贯穿上海市的主干河道,承担着十分繁忙的航运职能,船舶溢油事故频繁发生。据统计,1984~2014 年黄浦江水域共发生突发性船舶溢油事故 800 余起,其中 10t 以上的溢油事故约 24 起。2003 年 8 月 5 日在黄浦江准水源保护区发生的特大船舶溢油污染事故,泄漏燃料油约 85t,受潮流与风向的影响,造成黄浦江浦西段水域大面积污染,对黄浦江上游饮用水水源地取水口构成了严重威胁。本书选取黄浦江二维溢油模型,该模型是以丹麦水环境研究所开发的 MIKE 21 软件作为平台建立起来的,针对假设的溢油事故发生地点,通过二维水流水质模拟,对溢油事故的主要影响因子进行组合,分析污染物到达松浦大桥取水口的时间和对取水口水质影响的历时 2 个指标并进行模拟计算,从而得出船舶溢油事故对黄浦江上游饮用水水源地松浦大桥取水口造成的综合安全风险。黄浦江上游松浦大桥取水口位于米市渡下游不到 2km 处,平水年多年平均径流量为 318m³/s,枯水年多年平均径流量为 186m³/s,丰水年多年平均径流量为 419m³/s,多年平均风速为 3.8m/s,最大风速为 19m/s。

1) 取水口上游发生溢油事故

取水口上游发生溢油事故后,污染物一般会随水体流向下游,从而影响取水口水质。因此,在取水口上游 2km、4km、6km、8km 和 10km 处设置溢油事故发生点进行模拟分析,假设风速和风险均为恒定,分析丰水期、平水期、枯水期 3 个典型流场,针对大潮、小潮两种潮型和涨憩、落憩两个特征潮时刻进行模拟计算,对共计 300 种情况进行分析。

结果显示:在无风条件下,当河道径流量大于 450m³/s 时,上游 10km 处发生溢油事故后,污染物最快将在 10h 内到达松浦大桥取水口,对取水口水质的影响历时将达到 10h 以上;当河道径流量小于 150m³/s 时,上游 10km 处发生溢油事故后,污染物最快将在 1d 内到达松浦大桥取水口,对取水口水质的影响历时将达到 10d 以上。不同溢油事故发生点的径流量大小对到达取水口时间的影响以及对取水口水质的影响历时如图 8 - 4 和图 8 - 5 所示。

2) 取水口下游发生溢油事故

取水口下游发生溢油事故后,通过水体的往复运动、风向及潮汐等可能会对其上游的取水口造成一定影响,但随着溢油事故发生点与取水口距离的增大,其对取水口水质的影响也在逐渐减弱。因此,本书按每 2km 江段设置溢油事故发生点,按照半搜索范围法,得出在取水口下游 80km 处发生溢油事故时,对取水口水质基本没有影响。根据取水口下游模拟点位置,再加上风速、流速及潮汐状况,

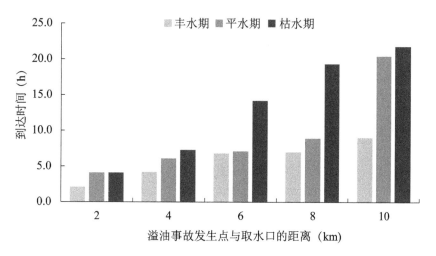

图 8 – 4　不同溢油事故点径流量对到达取水口时间的影响

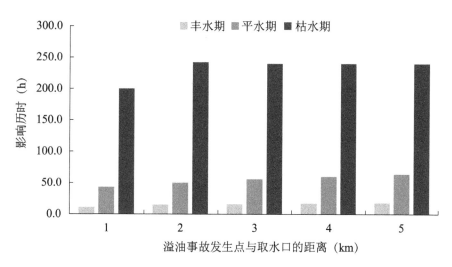

图 8 – 5　不同溢油事故点径流量对取水口水质的影响历时

共计得出 180 种情况并进行分析。

　　结果显示:在无风条件下,下游 14km 处发生溢油事故会对取水口水质产生影响,污染物可能在 42h 内到达松浦大桥取水口,对取水口水质影响的历时将达到 12h 以上;下游 8km 发生溢油事故后,污染物可能在 1d 内到达松浦大桥取水口,对取水口水质影响的历时将达到 3d 以上。在有风条件下,不同的风速、流量、流速及河道形态对溢油污染物的漂移扩散均会产生较大的阻碍。黄浦江特有的潮汐特性与下游处发生溢油事故对松浦大桥取水口水质的影响具有显著关系,如下游 2km 处发生溢油事故时,溢油到达取水口时间及对取水口水质影响的历时均有较大差异,如图 8 – 6 所示。

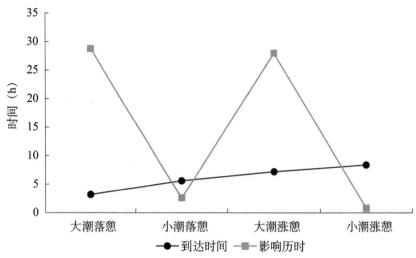

图8-6 下游2km处发生溢油事故时的潮汐影响

3）船舶溢油事件安全综合风险

根据上述取水口上、下游发生溢油事故对取水口的影响分析，利用4.2.1节计算方法分别进行计算，如表8-5所示。

表8-5 黄浦江上游饮用水水源地船舶溢油事件安全风险

上、下游	溢油点与取水口距离（km）	风险值
取水口上游	2	0.0118
	4	0.0369
	6	0.0244
	8	0.0135
	10	0.0397
取水口下游	2	0.0212
	4	0.0303
	6	0.0351
	8	0.0189
	10	0.0299
	12	0.0272
	14	0.0134
综合风险值		0.0252

由表8-5可以得出，黄浦江上游饮用水水源地船舶溢油事故安全风险值为0.0252，其风险综合评估为风险中等，会偶尔发生。主要原因为黄浦江水源地作为上海市主要航道，历史上出现过多次溢油事故。

8.3.3　有毒化学品泄漏事件安全风险

1）有毒化学品泄漏事件统计

本书搜集整理了 1985～2014 年黄浦江水域相关的有毒化学品突发环境事故资料，并通过科技文献、《中国环境统计年鉴》《上海市环境状况公报》对有毒化学品突发事故的资料和数据进行了补充和验证。数据资料显示，1985～2014 年黄浦江水域共计发生 26 次有毒化学品突发环境事故，其中在 2001～2010 年相对较为集中，如图 8 - 7 所示。

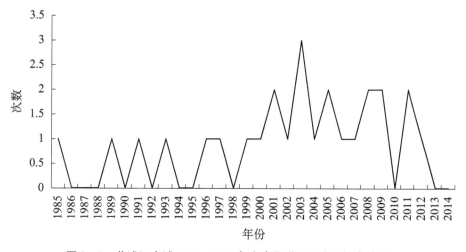

图 8 - 7　黄浦江水域 1985～2014 年有毒化学品突发环境事故频次

相关统计数据显示，其中在有毒化学品运输环节过程中发生事故次数最多，占事故总次数的 38.4%；生产、废弃处置和装卸环节发生的事故比例次之，分别占事故总数的 19.2%、15.4%、11.5%；而存储环节发生的事故比例最低，占事故总次数的 7.7%；另外有 7.7% 的事故发生所处环节不明。1985～2014 年统计数据显示，黄浦江水域有毒化学品突发环境事故的原因可归为运输事故、安全事故和违法行为 3 大类，其中每一类均有不同的引起事故发生的直接原因，具体分析见表 8 - 6。

表 8 - 6　黄浦江水域 1985～2014 年有毒化学品突发环境事故原因

项目	事故直接原因	事故频次（次）	事故比例（%）
运输事故	水上交通事故	7	26.8
	道路交通事故	3	11.5
安全事故	安全意识淡薄	1	3.9
	违反操作规程	2	7.7
	企业管理不善	4	15.4
	操作运行失误	3	11.5
	设备意外故障	1	3.9

续表

项目	事故直接原因	事故频次（次）	事故比例（%）
违法行为	偷排有毒化学品	4	15.4
	非法处置固体废物	1	3.9
合计		26	100.0

2）有毒化学品泄漏事件安全风险计算

根据上述统计数据，按照5.2.3节计算方法，采取多轮专家咨询及调研，分析计算黄浦江水域有毒化学品运输过程中驾驶员、车辆和路况3类因素分值，对其进行无量纲化处理，计算其各项风险值，具体见表8-7。

表8-7 黄浦江水域有毒化学品泄漏事件安全风险

影响因素	综合分值	无量纲值	风险率
驾驶员因素	27	0.35	0.0549
车辆因素	11	0.55	0.0006
路况因素	9	0.45	0.0004
综合风险值			0.013 72

由表8-7可以得出，黄浦江上游饮用水水源地有毒化学品泄漏事故安全风险值为0.013 72，其风险综合评估为中等风险，会偶尔发生。主要原因为黄浦江水源地贯穿上海市，拥有众多交通运输道路，历史上出现过多次有毒化学品泄漏事故。

8.3.4 污水非正常大量排放事件安全风险

根据第一次水利普查暨上海市第二次水资源普查中的污染源调查数据，黄浦江水域共有入河排污口71个，其中工业废水排污口17个，生活污水排污口8个，混合废水排污口46个。年废污水排放量为41 930.8万t，其中工业废水排放量为263.5万t，生活污水排放量为230.5万t，混合废水排放量为41 436.9万t。据统计，1985～2014年黄浦江水域污水非正常大量排放事故发生过1次。根据《上海市水功能区纳污能力核定和分阶段限制排污总量控制方案》，黄浦江上游饮用水水源地保护区纳污能力COD为3500.8t/a、氨氮为124.3t/a，入河污染物限制排放总量为3791.5万t/a。

根据5.2.4节，当黄浦江上游污水排放量持续超过限制排放总量，则出现饮用水水源地安全事件，通过计算，黄浦江上游饮用水水源地污水非正常大量排放事件安全风险为0.0012，其风险综合评估为风险较低，不太可能发生。主要原因为随着最严格水资源管理制度的实行，以及水污染防治行动计划的开展，上海市未来将会严格控制污废水排放，严格考核水功能区达标情况。

8.3.5 水质安全综合风险

由 6.3.1~6.3.4 节计算得出各类型水质安全风险的风险值，对其进行加权计算，得出黄浦江上游饮用水水源地水质安全综合风险率为 0.017 86，其风险综合评估为风险中等，会偶尔发生，具体见表 8-8。

表 8-8　黄浦江上游饮用水水源地水质安全综合风险

影响因素	风险值	定性评估	权重值
非突发性水质安全风险	0.0158	风险中等	0.221
船舶溢油事件安全风险	0.0252	风险中等	0.416
有毒化学品泄漏事件安全风险	0.0138	风险中等	0.274
污水非正常大量排放事件安全风险	0.0012	风险较低	0.089
综合风险率			0.017 86

8.4　生态安全风险评估

8.4.1　生态安全风险评估指标

1）生态指数

统计资料显示，黄浦江上游饮用水水源地浮游植物共计有 244 种，隶属于 8 门 83 属。其中绿藻门有 34 属 108 种，占浮游植物种类总数的 44.26%；硅藻门有 26 属 71 种，占浮游植物种类总数的 29.10%；裸藻门有 6 属 32 种，占浮游植物种类总数的 13.11%；蓝藻门有 10 属 25 种，占浮游植物种类总数的 10.25%；金藻门有 3 属 3 种，占浮游植物种类总数的 1.23%；甲藻门有 2 属 3 种，占浮游植物种类总数的 1.23%；隐藻门、黄藻门各有 1 属 1 种，各占浮游植物种类总数的 0.41%。黄浦江上游饮用水水源地大型底栖动物共计有 13 种，隶属于 3 门 6 纲 8 目 10 科。其中环节动物 3 种，占大型底栖动物种类总数的 23.1%；软体动物 8 种，占大型底栖动物种类总数的 61.5%；节肢动物 2 种，占大型底栖动物种类总数的 15.4%。黄浦江上游饮用水水源地大型底栖动物年平均密度和生物量分别为 1189ind/m² 和 1332.77g/m²。黄浦江上游饮用水水源地鱼类共计有 39 种，隶属于 10 目 13 科 32 属，主要以鲤形目、鲈形目、鲇形目鱼类为主。

本书针对黄浦江上游饮用水水源地，选取浮游植物、大型底栖动物和鱼类多样性来反映水源地生态系统的稳定性，并选取淀峰和松浦大桥两个典型取样点，分别在 2014 年 3 月、6 月、9 月、12 月进行数据采样分析。黄浦江上游浮游植物、大型底栖动物和鱼类 Margalef 多样性指数见表 8-9。

表 8 – 9 黄浦江上游不同物种 Margalef 多样性指数

分类	取样点	3 月	6 月	9 月	12 月	均值
浮游植物	淀峰	1.83	2.42	2.67	1.78	2.17
	松浦大桥	1.91	2.35	2.60	1.85	2.18
大型底栖动物	淀峰	2.04	2.13	2.71	2.08	2.24
	松浦大桥	1.85	2.01	2.36	1.97	2.07
鱼类	淀峰	2.04	2.17	2.15	2.01	2.09
	松浦大桥	2.00	1.99	2.10	2.08	2.04
多样性指数				2.13		

由表 8 – 9 可以得出，浮游植物 Margalef 多样性指数在 6 月和 9 月相对于 3 月和 12 月要高，说明在温度较高的夏、秋两季，黄浦江上游的水环境相对较为稳定，而在温度较低的冬、春两季，随着浮游植物种类和个数的减少，黄浦江上游的水环境相对不稳定。黄浦江上游大型底栖动物类群较少，属于贫底栖动物水域环境，大型底栖动物 Margalef 多样性指数最高值出现在 9 月，说明秋季黄浦江上游水质相对较好，而在夏季气温过高和冬季气温过低的时段均会导致多样性指数偏低。总体来看，黄浦江上游饮用水水源地生态环境总体相对较为稳定，但是夏、秋两季明显好于冬、春两季。

2）灾害指数

黄浦江是历史上最早人工修凿疏浚的河流之一，其水源主要来自太湖和淀山湖，因此，本书通过统计 1951~2014 年太湖流域旱情对黄浦江旱情的影响频次，分析计算黄浦江流域的灾害指数。表 8 – 10 给出了 1951~2014 年期间黄浦江流域干旱灾害发生的频次和频率。通过灾害指数计算公式，得出黄浦江流域灾害指数为 0.095。

表 8 – 10 黄浦江干旱灾害风险发生的频次及频率

干旱程度	频次	频率（%）	权重
轻旱	9	14.1	0.5146
中旱	3	4.6	0.3378
重旱	1	1.6	0.1476
合计	13	20.3	1.0000

3）脆弱性指数

根据黄浦江上游自然地理条件和社会经济状况，以定性评估和定量评估相结合的原则，选取反映黄浦江上游生态脆弱状况的 8 项指标（其中反映自然地理条件的 4 项，反映社会经济状况的 4 项）构建黄浦江上游生态脆弱性评估指标体系。对所收集的 8 项指标原始数据系列进行标准化处理，以消除原始数据量纲不同所造成的影响，同时利用层次分析法确定各指标权重。黄浦江上游饮用水水源地生态脆弱性指标见表 8 - 11。

表 8 - 11　黄浦江上游饮用水水源地生态脆弱性指标

指标名称	指标值	标准化值	权重	指标与脆弱性关系	
				指标	脆弱性
年均降水量（mm）	1098.00	0.66	0.1176	↑	↓
年均蒸发量（mm）	1008.00	0.64	0.1396	↑	↑
森林覆盖率（%）	71.10	0.67	0.1285	↑	↓
地面沉降速率（mm/a）	22.94	0.26	0.1089	↑	↑
农村居民人均收入（万元）	1.29	0.78	0.1397	↑	↓
人口密度（人/km²）	2978.00	0.47	0.1185	↑	↑
人均耕地面积（hm²/人）	0.10	0.29	0.1274	↑	↑
人均 GDP（万元/人）	19.41	0.83	0.1198	↑	↓
脆弱性指数	0.5824				

注：表中气象数据和社会经济数据来源于 2014 年上海市水资源公报和相关统计年鉴。

目前，国内外关于生态脆弱性的评估尚未有统一的评估标准，通过上述黄浦江上游生态脆弱性计算结果以及结合黄浦江自然地理条件和社会经济发展水平，参考相关专家学者研究，本书制定了适合黄浦江上游饮用水水源地的生态脆弱性评估标准，见表 8 - 12。从表 8 - 12 中可以看出，黄浦江上游处于比较脆弱的等级，导致其比较脆弱的主要原因是黄浦江上游处于人类活动较为频繁的区域，土地开发利用强度较大。

表 8 - 12　生态脆弱性指数评估标准

脆弱性等级	轻微脆弱	一般脆弱	比较脆弱	严重脆弱
脆弱性指数	(0, 0.50]	(0.50, 0.55]	(0.55, 0.60]	(0.60, 1.00)

4）污染指数

本书污染指数选用溶解氧、高锰酸盐指数（$KMnO_4$）、化学需氧量（COD）、氨氮（NH_3-N）、石油类、总磷（P）和总氮（N）7 类指标来表示，选取松浦大桥断面和淀峰断面作为监测断面，数据年份选用 2010 ~ 2014 年。黄浦江上游松浦大桥断面和淀峰断面水质监测指标见表 8 - 13 和表 8 - 14。

表 8 – 13　黄浦江上游饮用水水源地松浦大桥断面 7 类指标值（mg/L）

年份	溶解氧	KMnO₄	COD	NH₃-N	石油类	P	N
2010	3.85	5.62	17.87	1.47	0.08	0.15	4.23
2011	4.12	5.71	16.35	1.59	0.08	0.16	3.76
2012	4.67	5.79	15.72	1.42	0.07	0.16	3.48
2013	5.12	5.13	14.83	1.45	0.07	0.13	3.87
2014	4.07	5.38	15.86	1.37	0.06	0.12	3.85

表 8 – 14　黄浦江上游饮用水水源地淀峰断面 7 类指标值（mg/L）

年份	溶解氧	KMnO₄	COD	NH₃-N	石油类	P	N
2010	6.14	5.36	18.35	1.49	0.08	0.12	4.23
2011	6.03	5.37	16.27	1.41	0.08	0.13	3.47
2012	6.27	5.39	14.31	1.28	0.07	0.15	3.16
2013	6.34	4.85	13.64	1.02	0.07	0.12	3.25
2014	6.67	5.26	14.42	1.13	0.06	0.10	3.77

利用 4.3.2 节中污染指数计算方法，对比地表水水环境质量标准基本项目标准限值，分析计算黄浦江上游松浦大桥断面和淀峰断面的污染指数，具体见表 8 – 15。从表 8 – 15 中可以看出，松浦大桥和淀峰监测断面 2010～2014 年污染指数平均值为 2.31 和 2.10，为水质严重污染和中等污染水平，均未达到上海市规定的饮用水水源地 Ⅱ 类水取水标准。松浦大桥断面主要污染物项目为高锰酸盐指数、化学需氧量、氨氮、总磷和总氮，淀峰断面主要污染物项目为高锰酸盐指数、氨氮、总磷和总氮。

表 8 – 15　黄浦江上游饮用水水源地松浦大桥断面和淀峰断面污染评估指数

年份	松浦大桥	淀峰
2010	2.38	2.23
2011	2.32	2.18
2012	2.30	1.98
2013	2.30	1.96
2014	2.28	2.16
平均	2.31	2.10

8.4.2　生态安全风险综合评估

根据表 8 – 15 黄浦江上游饮用水水源地生态安全风险评估指数计算情况，分析计算各指标现状风险区间，对各指标值进行无量纲化处理，按照4.3.3节进行权重计算，具体见表8-16。

表8-16　黄浦江上游饮用水水源地生态安全风险评估

生态安全风险	风险值	定性描述	风险指数	无量纲分值	权重
生态指数	2.1300	生态系统较为稳定	(1, 2]	0.0095	0.2814
灾害指数	0.0950	干旱可能性较低	(1, 2]	0.0082	0.1778
脆弱性指数	0.5824	生态比较脆弱	(2, 3]	0.0769	0.2211
污染指数	2.2000	污染较为严重	(3, 4]	0.4538	0.3197
黄浦江上游饮用水水源地生态安全风险值			0.166 21		

由表8-16得出，黄浦江上游饮用水水源地生态安全风险值为0.166 21，其风险综合评估为风险较高，会多次发生。主要原因为黄浦江上游承接淀山湖来水以及河道沿线污水排放量增加，污染较为严重。

8.5　工程安全风险评估

8.5.1　工程安全风险评估指标

1) 河道整体安全指标

黄浦江堤防设施由479.7km的防汛墙、250座沿江支流河口泵闸、1628座防汛闸门、1190座潮闸门共同组成，主要分布在宝山、虹口、黄浦、徐汇、浦东、松江、金山、青浦等11个区。黄浦江上游干流堤防总长55.87km，按50年一遇流域防洪标准设防，除部分岸段采取加强型桩基础外，大部分以新建、重建型重力式挡墙堤防和加高加固型堤防为主。黄浦江上游共有防汛闸门71座，均为钢闸门，闸门型式分为人字门、插板门、横拉门、一字门、叠梁门及直升门等6类，其中以人字门居多。闸门宽度1.5~20m不等，闸门高度0.6~2.5m不等。但是黄浦江上游干流段部分岸段缺0.2m防汛墙高程，缺失岸段总长度约为13km，存在无防冲护坡护脚结构、船舶撞击造成护岸结构破坏、局部护岸存在老化现象等结构稳定问题。

2) 取水工程安全指标

黄浦江上游取水泵房设有9台（6用3备）6.21m³/s湿坑式混流泵，设计年限为20年，扬程50m，单台水泵装机功率4000kW，全部泵组设置变频调速，可根据取水需求调节水量、扬程。中途泵站设有8台（6用2备）4.95m³/s增压泵，设计年限为20年，扬程50m，单台水泵装机功率3200kW，全部泵组设置变频调速，可根据取水需求调节水量、扬程。取水泵站和中途泵站均采用110kV电压等级供电，两路独立的供电外线，泵站内设110kV变电所，配置相应变压器及开关柜。黄浦江上游取水管道为全线钢顶管，设计年限为20年，其中金泽泵站至松江分水点管径为DN4000，设计流速3.54~2.89m/s；松江分水点至金山分水点管径为DN3800，设计流速2.69m/s；金山分水点至闵奉分水点管径为DN3600，设计流速2.37m/s。各区间连通管道见表8-17。

表8-17 黄浦江上游饮用水水源地各区间连通管道

取水管道区间	设计水量（万 m³/d）	管径 DN（mm）
金泽输水泵站—青浦分水点	351	4000
青浦分水点—松江分水点	276	4000
松江分水点—金山分水点	230	3800
金山分水点—闵奉分水点	190	3600

3）岸边工程安全指标

黄浦江是上海市的主要防洪河道，其河道两岸防汛墙在近几十年内受自然因素和人类活动影响，不断发生沉降，上海市在1988年开始逐步对黄浦江干支流防汛墙等堤防工程进行加高加固维护，使其逐步呈现稳定状态。同时，黄浦江上游各取水泵站也已进行翻新改造，取水泵房和中途泵房均较稳定。

综上所述，黄浦江上游饮用水水源地工程安全风险评估指标不同等级分级情况见表8-18。

表8-18 黄浦江上游饮用水水源地工程安全风险评估指标

工程安全风险	评估指标	指标描述	定性评估
河道整体安全	防洪条件等级	50年一遇	风险中等
取水工程安全	取水泵站使用年限等级	20年	风险较低
	取水泵站机组备用比例	33%	风险较低
	取水管道使用年限等级	20年	风险较低
岸边工程安全	岸边地基特性等级	较稳定	风险较低
	建筑物抗震等级	抗震性能较强	风险较低

8.5.2 工程安全风险综合评估

根据表8-18中黄浦江上游饮用水水源地工程安全风险评估指标描述情况，分析计算各指标现状风险区间，对各指标值进行无量纲化处理，按照4.3.3节进行权重计算，见表8-19。

表 8-19　黄浦江上游饮用水水源地工程安全风险评估

工程安全风险	风险值	评估指标	风险指数	无量纲分值	权重
河道整体安全	0.0050	防洪条件等级	(2, 3]	0.0265	0.1894
取水工程安全	0.0018	取水泵站使用年限等级	(1, 2]	0.0037	0.1816
		取水泵站机组备用比例	(1, 2]	0.0041	0.1682
		取水管道使用年限等级	(1, 2]	0.0024	0.1778
岸边工程安全	0.0019	岸边地基特性等级	(1, 2]	0.0078	0.1463
		建筑物抗震等级	(1, 2]	0.0056	0.1367
黄浦江上游饮用水水源地工程安全风险值				0.008 74	

由表 8-19 得出，黄浦江上游饮用水水源地工程安全风险值为 0.008 74，其风险综合评估为风险较低，不太可能发生。其中河道整体安全风险、取水工程安全风险和岸边工程安全风险均小于 0.01，处于较小风险等级。

8.6　管控安全风险评估

8.6.1　控制系统安全风险评估

1）系统设计运行风险

上海市分别于 1987 年 7 月和 1997 年 12 月建成了黄浦江上游引水一期工程和二期工程，在黄浦江临江段和松浦大桥段取水，在青草沙原水工程建成之前，负责上海市中心城区水厂的原水供应。自黄浦江上游取水工程建成后，到 2011 年 6 月青草沙原水工程全面投入运行期间，松浦园水厂连续安全运行 4913 天，优质供应原水 168.3 亿 m^3，完成了包括 2001 年 APEC 会议、2008 年北京奥运会、2010 年上海世博会在内的多项国际重大赛事、会展期间的供水任务。目前，黄浦江上游原水系统工程逐步形成"一线、二点、三站"的系统格局，实现向下游和向上游互通灵活输水，进一步提升了区域原水供应的安全保障能力。

2）系统电力设备运行风险

根据取水泵站所在地的供电条件以及泵站的用电需求，黄浦江上游原水取水泵站采用 110kV 电压等级供电，两路独立的供电外线，各泵站内设 110kV 变电所，配置响应变压器及开关柜。系统电源负荷能达到最大电力要求，系统电力设备质量较好，未发生过电源供应障碍及电源瘫痪事故，备用电源基本能够满足应急用电需求。

3）人为因素致险风险

黄浦江上游原水取水工程由上海城投原水有限公司建设，由上海市水务局统一管理，设有"黄浦江上游饮用水水源地工程建设指挥部"，专业技术人员充足，职工身体素质优良，能够实现对各原水取水口的统一调度。结合专家咨询，分析得出黄浦江上游饮用水水源地控制系统运行失事概率，如表 8 - 20 所示。

表 8 - 20　黄浦江上游饮用水水源地控制系统运行失事概率

具体项目	失事概率	定性评估
系统设计运行风险	0.000 25	风险较低
系统电力设备运行风险	0.000 09	风险低
人为因素致险风险	0.000 08	风险低
控制系统运行失事概率	0.000 16	风险较低

8.6.2　管控系统安全风险评估

黄浦江上游原水取水工程由上海城投原水有限公司建设，设有黄浦江原水厂，统一负责为杨树浦水厂、南市水厂、临江水厂、浦东水厂、杨思水厂、居家桥水厂 6 家自来水厂输送黄浦江上游原水。同时设有原水管渠管理，下设黄浦江系统养护站点，统一负责黄浦江 74.75km 原水系统管渠、管道的巡检、养护、监护、抢修等安全供水职责。目前，上海市已制定并发布实施了《上海市饮用水水源保护条例》《上海市黄浦江上游水源保护条例》《上海市原水引水管渠保护办法》《上海市处置水务行业突发事件应急预案》《上海市供水行业突发事件应急处置预案》《上海市水源地取水口污染事故应急处置预案》《上海市水源地取水口污染调水应急处置预案》《上海市原水、自来水有毒有害物质检测、处置预案》《上海市水源地重大污染事件水质、水情适时监测预案》《上海市供水应急调度预案》《上海市供水管线受损事故应急处置预案》等一系列法规预案等。

由此可见，黄浦江上游饮用水水源地日常管理部门设置合理，且无较大责任事故发生。同时，应急管理制度完善，调度能力强，定期发布水源地信息，且水源地管理部门与媒体沟通较好。结合专家咨询，分析得出黄浦江上游饮用水水源地管理系统运行失事概率，如表 8 - 21 所示。

表 8 - 21　黄浦江上游饮用水水源地管理系统运行失事概率

具体项目	失事概率	定性评估
管理部门设置情况	0.000 86	风险较低
管理制度制定情况	0.000 75	风险较低
应急管理建设情况	0.000 98	风险较低
信息发布透明情况	0.000 08	风险低
管理系统运行失事概率	0.000 92	风险较低

8.6.3　管控安全风险综合评估

由 6.6.1、6.6.2 节得出，黄浦江上游饮用水水源地控制系统安全风险为

0.000 16，管理系统安全风险为 0.000 92，均小于 0.01，处于较小风险等级。对其进行等权重计算，则黄浦江上游饮用水水源地管理安全综合风险率为 0.000 54，其风险综合评估为风险较低，不太可能发生。

8.7　综合风险评估

根据上述各类风险失事概率，建立综合风险贝叶斯模型，通过专家咨询得到综合风险率的条件概率表，如表 8-22 所示，其中 0 表示正常情况，1 表示失事情况下的概率；将上述典型地计算所得数据代入模型进行计算，结果如表 8-23 所示，显示黄浦江上游饮用水水源地综合失事概率为 0.037 35，风险等级为中等，风险偶尔会发生。

表 8-22　黄浦江上游饮用水水源地综合风险率条件概率

综合风险	水量安全风险		水质安全风险		生态安全风险		工程安全风险		管理安全风险	
	0	1	0	1	0	1	0	1	0	1
0	0.95	0.82	0.97	0.92	0.98	0.90	0.96	0.85	0.96	0.75
1	0.05	0.18	0.03	0.08	0.02	0.10	0.04	0.15	0.04	0.25

表 8-23　黄浦江上游饮用水水源地安全综合风险率

具体项目	风险率	风险等级
水量安全风险	0.004 12	较小
水质安全风险	0.017 86	中等
生态安全风险	0.166 21	较大
工程安全风险	0.008 74	较小
管理安全风险	0.000 54	较小
综合安全风险	0.037 35	中等

参 考 文 献

[1] 中华人民共和国水利部. 中国水资源公报 2014 [M]. 北京：中国水利水电出版社，2015.

[2] 中华人民共和国环境保护部. 2014 中国环境状况公报 [R]. 2015.

[3] 武汉大学水研究院. 中国水安全发展报告 2013 [M]. 北京：人民出版社，2013.

[4] NRC. Science and judgement in risk assessment [M]. Washington D. C：National Academy Press，1994.

[5] Sergeant A. Management objectives for ecological risk assessment development at US EPA [J]. Environmental Science & Policy，2000，3 (6)：295 – 298.

[6] 梁缘毅，吕爱锋. 中国水资源安全风险评价 [J]. 资源科学，2019，41 (4)：775 – 789.

[7] Collin M L，Melloul A J. Combined land-use and environmental factors for sustainable groundwater management [J]. Urban Water，2001，3 (3)：229 – 237.

[8] U. S. Environment Protection Agency. Index of Watershed Indicators [M]. USA，Bibliogov，2013.

[9] Foster S，Hirata R，Gome D，et al. Groundwater Quality Protection：a guide for water utilities，municipal authorities，and environment agencies [M]. Washington D. C：The World Bank，2002.

[10] Lennox S D，Foy R H，Smith R V，et al. A comparison of agriculture water pollution incidents in northern Ireland with those in England and Wales [J]. Water Research，1998，32 (3)：649 – 656.

[11] Ward C. First responders：problems and solutions：water supplies [J]. Technology in Society，2003，25 (4)：535 – 537.

[12] 蒋东益，王云燕，廖骐，等. 水质及安全测评基于对营养元素、生化指标和重金属元素的多元统计分析 [J]. Journal of Central South University，2020，27 (4)：1211 – 1223.

［13］Zografos K G，Vasilakis G M，Giannouli I M. Methodological framework developing decision support system（DSS）for hazardous Materials emergency response Operations［J］. Journal of Hazardous Materials，2000，71（1/3）：503 - 521.

［14］胡二邦. 环境风险评价实用技术和方法［M］. 北京：中国环境科学出版社，2000.

［15］张羽. 城市水源地突发性水污染事件风险评价体系及方法的实证研究［D］. 上海：华东师范大学，2006.

［16］徐平. 公路交通事故河流环境风险评价方法研究［D］. 成都：西南交通大学，2008.

［17］王丽萍，周晓蔚，李继清. 饮用水源污染风险评价的模糊 - 随机模型研究［J］. 清华大学学报（自然科学版），2008，48（9）：1449 - 1452，1457.

［18］董江涛. 供水水源地突发性污染应急处理方法与措施［D］. 西安：长安大学，2009.

［19］Birch E L. Climate change 2014：Impacts，adaptation，and vulnerability［J］. Journal of the American Planning Association，2014，80（2）：184 - 185.

［20］钱七虎. 地下工程建设安全面临的挑战与对策［J］. 岩石力学与工程学报，2012，31（10）：1945 - 1956.

［21］张学弟. 银川市地下水水源地污染的水文地质影响因素分析及风险评价［D］. 西安：长安大学，2010.

［22］韩晓刚. 城市水源水质风险评价及应急处理方法研究［D］. 西安：西安建筑科技大学，2011.

［23］李新军. 王屋水库饮用水水源污染风险评价研究［D］. 济南：济南大学，2011.

［24］李福杰. 济南鹊山水库水质风险识别与预警研究［D］. 济南：济南大学，2011.

［25］周婕. 城市水源地船舶流动风险源风险评价方法与实证研究［D］. 上海：华东师范大学，2012.

［26］刘静. 黄浦江上游水源地危险化学品运输风险评价及环境管理研究［D］. 上海：华东师范大学，2012.

［27］王妍. 水库大坝的防恐安全风险评价［D］. 北京：中国地质大学，2012.

［28］顾清. 浙江省饮用水水库水质演变及风险评价研究［D］. 杭州：浙江大学，2012.

［29］胡晓芳. 于桥水库水源地上游支流沉积物重金属污染状况及潜在生态风险评价［D］. 天津：天津师范大学，2013.

［30］吴昊. 银川市北郊水源地地下水脆弱性与健康风险评价［D］. 西安：长

安大学，2014.

[31] 国家环境保护总局. HJ/T 338—2007　饮用水水源保护区划分技术规范 [S]. 北京：中国环境科学出版社，2007.

[32] 环境保护部. HJ/T 433—2008　饮用水水源保护区标志技术要求 [S]. 北京：中国环境科学出版社，2008.

[33] 环境保护部办公厅. 关于印发《集中式饮用水水源环境保护指南（试行）》的通知 [EB/OL]. http://www. zhb. mee. cn/gkml/hbb/bgt/201204/t20120409_225795. htm.

[34] 环境保护部办公厅. 关于进一步加强分散式饮用水水源地环境保护工作的通知 [EB/OL]. http://www. mee. gov. cn/gkml/hbb/bgt/201009/t20100930_195251. htm.

[35] 王琳，祁峰，孙艺珂，等. KCFs 识别法筛查引黄济青集水区水质安全风险 [J]. 中国给水排水，2019，35（13）：72－77.

[36] 杨宏亮. 长春市供水系统风险评价研究 [D]. 长春：吉林大学，2008.

[37] Gray R J, Pitts S M. Risk Modelling in General Insurance：From Principles to Practice [M]. Cambridge：Cambridge University Press, 2012.

[38] Baranoff E Z. Risk management and insurance [M]. Wiley, 2004.

[39] Lee E M, Jones D K. Landslide risk assessment [M]. ASCE, 2004.

[40] 林爱武. 饮用水水质评价体系建立的构想 [J]. 中国给水排水，2016，32（18）：19－22，28.

[41] 刘苗，王敏，顾军农，等. "引黄入京"工程南输水线水源水质分析评价 [J]. 中国给水排水，2016，32（07）：6－9.

[42] 国家质量监督检验检疫总局，国家标准化管理委员会. GB/T 23694－2013　风险管理　术语 [S]. 北京：中国标准出版社，2014.

[43] 罗祖德，徐长乐. 灾害论 [M]. 杭州：浙江教育出版社，1990.

[44] 胡二邦. 环境风险评价实用技术和方法 [M]. 北京：中国环境科学出版社，2000.

[45] 束龙仓，朱元生，孙庆义，等. 地下水允许开采量确定的风险分析 [J]. 水利学报，2000（3）：77－81.

[46] 刘恒，耿雷华，等. 南水北调运行风险管理关键技术问题研究 [M]. 北京：科学出版社，2011.

[47] 洪福艳. 欧美社会风险管理制度的借鉴与思考 [J]. 哈尔滨工业大学学报（社会科学版），2014，16（1）：45－49.

[48] Casualty Acturial Society Enterprise Risk Management Committee, Overview of Enterprise Risk Management [R]. 2003.

[49] Peter Forstmoser, Nikodemus Herger. Managing Reputational Risk：A Reinsurer's View [J]. The Geneva Papers on Risk and Insurance-Issues and Practice, 2006, 31 (3)：409－424.

［50］James Lam. Enterprise Risk Management：From Incentive to Controls ［M］. London：John Wiley and Sons，2003.

［51］高巧萍. 由紫金矿业污染事故引发的思考——生态环境安全风险及防范［C］//中国法学会环境资源法学研究会. 生态安全与环境风险防范法治建设——2011 年全国环境资源法学研讨会（年会）论文集. 桂林，2011.

［52］童坤. 供水水源系统风险分析与应用研究［D］. 南京：南京水利科学研究院，2014.

［53］Saaty T L. How to make a decision：the analytic hierarchy process ［J］. European journal of operational research，1990，48（1）：9－26.

［54］Murray R，Janke R，Uber J. The threat ensemble vulnerability assessment （TEVA）program for drinking water distribution system security ［C］. 2004.

［55］隋鹏程，陈宝智，隋旭. 安全原理［M］. 北京：化学工业出版社，2005.

［56］王如君. 事故致因理论简介（上）［J］. 安全、健康和环境，2005，5（4）：1－3.

［57］罗春红，谢贤平. 事故致因理论的比较分析［J］. 中国安全生产科学技术，2007，3（5）：111－115.

［58］中国石油天然气公司安全环保部. HSE 风险管理理论与实践［M］. 北京：石油工业出版社，2009.

［59］张胜强. 我国煤矿事故致因理论及预防对策研究［D］. 杭州：浙江大学，2004.

［60］何学秋. 安全工程学［M］. 徐州：中国矿业大学出版社，2000.

［61］Mays L. Water supply systems security ［M］. McGraw Hill Professional，2004.

［62］National R W A. Security vulnerability self－assessment guide for small drinking water systems ［R］. ASDWA，2002.

［63］Enkel E，Kausch C，Gassmann O. Managing the risk of customer integration ［J］. European Management Journal，2005，23（2）：203－213.

［64］Fewtrell L，Bartram J. Water quality：Guidelines，standards，and health：Assessment of risk and risk management for water-related infectious disease ［M］. IWA Publishing，2001.

［65］邓聚龙. 灰色控制系统［J］. 华中工学院学报，1982，10（3）：9－18.

［66］宋晓莉，余静，孙海传，等. 模糊综合评价法在风险评估中的应用［J］. 微计算机信息，2006，22（36）：71－73，79.

［67］衣强. 集中式地表饮用水水源地安全评价方法研究［D］. 北京：中国水利水电科学研究院，2007.

［68］胡开林，胡昱姝，王云珊. 城镇给水工程技术和设计［M］. 北京：化学工业出版社，2010.

［69］贾永志．水源地生态防护水质改善技术［D］．南京：东南大学，2010．

［70］张珂，刘仁志，张志娇，等．流域突发性水污染事故风险评价方法及其应用［J］．应用基础与工程科学学报，2014，22（4）：675－684．

［71］王文圣，丁晶，袁鹏．单变量核密度估计模型及其在径流随机模拟中的应用［J］．水科学进展，2001，12（3）：367－372．

［72］Upmanu Lall. A nearest neighbor bootstrap for resampling hydrologic time series［J］. Water Resources Research，1996，32（3）：679－693．

［73］Jones M C，Marron J S，Sheather S J. A brief survey of bandwidth selection for density estimation［J］. Journal of the American Statistical Association，1996，91（433）401－407．

［74］Sain S R，Baggerly K A，Scott D W. Cross-validation of multivariate densities［J］. Journal of the American Statistical Association，1994，89（427）：807－817．

［75］Sharma A，Lall U，Tarboton D. Kernel bandwidth selection for a first order nonparametric streamflow simulation model［J］. Stochastic Hydrology and Hydraulics，1998，12（1）：33－52．

［76］建设部，国家质量监督检验检疫总局. GB 50013—2006　室外给水设计规范［S］．北京：中国计划出版社，2006．

［77］Timothy L. Probabilistic environmental risk of hazardous materials［J］. Journal of Environmental Engineering，1992，118（6）：878－889．

［78］Dominique Guyonnet，Bernard Come，Pierre Perrochet. Comparing two methods for addressing uncertainty in risk assessments［J］. Journal of Environmental Engineering，1999，125（7）：660－666．

［79］李黎武，施周．基于模糊事件概率理论的水质风险率计算方法［J］．水利学报，2007，38（4）：417－421，426．

［80］何理，曾光明．用模糊模拟技术研究水环境中的可能性风险［J］．环境科学学报，2001，21（5）：634－636．

［81］Kaufmann A. Introduction to the fuzzy subsets［M］. New York Academic Press，1975．

［82］李阳星，李光煜．基于熵理论的齿轮强度的模糊可靠性设计［J］．机械设计，2004，21（2）：38－40．

［83］Zhao D H，Shen H W. Finite-volume two-dimensional unsteady-flow model for river basins［J］. Journal of Hydraulic Engineering，1994，120（7）：863－883．

［84］Zhao D H，Shen H W. Approximate Riemann solvers in FVM for 2D hydraulic shock waves modeling［J］. Journal of Hydraulic Engineering，1996，122（12）：693－702．

［85］赵棣华，戚晨，庚维德，等．平面二维水流－水质有限体积法及黎曼近

似解模型［J］. 水科学进展，2000，11（4）：368－373.

［86］赵棣华，李褆来，陆家驹. 长江江苏段二维水流－水质模拟［J］. 水利学报，2003，（6）：72－77.

［87］Alcrudo F，Garcia-Navarro P. A high-resolution Godunov-type scheme in finite volumes for the 2D Shallow-water equations［J］. Numerical Methods in Fluids，1993，16：489－505.

［88］Chen Y，Falconer R A. Modified forms of the third-order convection second-order diffusion scheme for the advection-diffusion equation［J］. Advances in Water Resource，1994，（17）：147－170.

［89］傅国伟. 河流水质数学模型及其模拟计算［M］. 北京：中国环境科学出版社，1987.

［90］张建莉. 公路运输液态化学品风险辨识及危险度评价研究［D］. 西安：长安大学，2006.

［91］庄英伟. LPG 罐车公路运输风险评价方法及应用研究［D］. 北京：首都经济贸易大学，2004.

［92］William R. Hazardous Materials Transportation Risk Analysis：quantitative approaches for truck and train［M］. New York：Van Nostrand Reinhold，1994.

［93］李振江. 全路危险货物运输安全综合管理及信息系统方案的研究［D］. 北京：北京交通大学，2004.

［94］周珣. 基于道路危险货物运输安全的路线优化研究［D］. 西安：长安大学，2004.

［95］李政. 道路交通安全评价研究［D］. 西安：长安大学，2001.

［96］徐峰，石建荣，胡欣. 水环境突发事故危害后果定量估算模式研究［J］. 上海环境科学，2003，22（S2）：64－71.

［97］Suter G W. Ecological Risk Assessment［M］. Boca Taron：Lewis Publishers，1993.

［98］郭先华，崔胜辉，赵千钧. 城市水源地生态风险评价［J］. 环境科学研究，2009，22（6）：688－694.

［99］Freedman B. Environment Science：A Canadian Perspective［M］. Toronto：Prentice Hall，2004.

［100］Wilis R D，Hul R N，Marshal L J. Consideration regarding the use of reference area and baseline information ecological risk assessment［J］. Human and Ecological Risk Assessment，2003，9（7）：1645－1653.

［101］Wayne G. Twenty years before and hence：ecological risk assessment at multiple scales with multiple stressors and multiple endpoints］. Human and Ecological Risk Assessment，2003，9（8）：1317－1326.

[102] 孙立强，田卫，俞穆清，等. 石头口门水库饮用水水源地生态风险评价 [J]. 水土保持通报，2011，31（1）：211-214.

[103] 赵珂，饶懿，王丽丽，等. 西南地区生态脆弱性评价研究：以云南、贵州为例 [J]. 地质灾害与环境保护，2004，15（2）：38-42.

[104] 黄先飞，秦樊鑫，胡继伟，等. 红枫湖沉积物中重金属污染特征与生态危害风险评价 [J]. 环境科学研究，2008，21（2）：18-23.

[105] 姜启源，谢星，叶俊. 数学模型 [M]. 4版. 北京：高等教育出版社，2011.

[106] 许树柏. 层次分析法原理 [M]. 天津：天津大学出版社，1988.

[107] 赵焕臣，许树柏，和金生. 层次分析法———一种简易的新决策方法 [M]. 北京：科学出版社，1986.

[108] Saaty T L. The analytic hierarchy process [M]. New York：Mcgraw-Hill，1980.

[109] Shenoy P P，Shafer G. Axioms for probability and belief-function propagation [M]. Springe，2008：499-528.

[110] Park J D，Darwiche A. Morphing the Hugin and Shenoy-Shafer Architectures：European conf erence on symbolic and quantitative ap proaches to reasoning with uncertainty [C]. Springer，2003.

[111] Croley T. Risk in reservoir design and operation：A state-of-the-art review [C]. 1978.

[112] National Technical Information Service. Military standard system safety program requriement [M]. Department of Defense，1993.

[113] 厉海涛，金光，周经伦，等. 贝叶斯网络推理算法综述 [J]. 系统工程与电子技术，2008，30（5）：935-939.

[114] Lauritzen S L，Spiegelhalter D J. Local computations with probabilities on graphical structures and their application to expert systems [J]. Journal of the Royal Statistical Society Series B（Methodological），1988：157-224.

[115] Shenoy P P，Shafer G. Axioms for probability and belief-function propagation [M]. Springer，2008：499-528.

[116] Park J D，Darwiche A. Morphing the Hugin and Shenoy-Shafer Architectures：European conf erence on s ymbolic and quantitative ap proaches to reasoning with uncertainty [C]. Springer，2003.

[117] 程聪. 黄浦江突发性溢油污染事故模拟模型研究与应用 [D]. 上海：东华大学，2006.

[118] 刘水芹，田华，胡岚. 太浦河调水对黄浦江上游水源地水质影响的试验 [J]. 水资源保护，2009，25（4）：40-43.

［119］孙晓峰，王如琦，周建国，等．黄浦江上游水源地规划方案研究［J］．给水排水，2012，38（8）：40－45.

［120］水利部．SL/Z 712—2014　河湖生态环境需水计算规范［S］．北京：中国水利水电出版社，2015.

［121］上海市政府．上海市总体规划1999—2020［M］．上海：上海人民出版社，2001.

［122］张海春，胡雄星，韩中豪，等．黄浦江上游水源地水质预警监测因子筛选［J］．净水技术，2012，31（5）：6－8，41.

［123］汤庆合，蒋文燕，李怀正，等．上海市突发环境事故近10年变化及统计学分析［J］．环境污染与防治，2010，32（6）：86－89.

［124］刘志国，徐韧，余江，等．上海水域化学品突发环境污染事故统计分析及特征研究［J］．上海环境科学集，2015（2）：102－106.

［125］周祥林．太湖流域干旱特征非参数统计分析［D］．南京：河海大学，2006.

［126］薛鹏丽，曾维华．上海市环境污染事故风险受体脆弱性评价研究［J］．环境科学学报，2011，31（11）：2556－2561.

［127］殷杰，尹占娥，于大鹏，等．风暴洪水主要承灾体脆弱性分析——黄浦江案例［J］．地理科学，2012，32（9）：1155－1160.

［128］乐驰．上海市水源地和黄浦江干流地表水水质状况研究［D］．上海：上海交通大学，2012.

［129］胡欣．上海市黄浦江堤防防洪能力调查评价［J］．城市道桥与防洪，2014（9）：156－160.

［130］上海市海塘防汛墙防御能力调查评估［R］．上海市水利工程设计研究院，2013.

［131］姚洁．黄浦江上游原水系统工程的设计［J］．城镇给排水，2012（10）：9－13.

［132］侯伟映，黄晖．松浦取水口供水安全保障及水质改善的实践与思考［C］//2014年第九届中国城镇水务发展国际研讨会论文集．南宁：中国城市科学研究会，中国城镇供水排水协会，2014：193－196.